博士论文
出版项目

NSSFC
The National Social Science Fund of China

# 自伤行为的影响因素及其发生过程研究

The Research of Influencing Factors and the
Process of Non-Suicidal Self-Injury

鲁 婷 著

中国社会科学出版社

**图书在版编目(CIP)数据**

自伤行为的影响因素及其发生过程研究/鲁婷著. —北京：
中国社会科学出版社，2020.11
ISBN 978 – 7 – 5203 – 6848 – 3

Ⅰ.①自… Ⅱ.①鲁… Ⅲ.①自杀—心理—研究
Ⅳ.①B846

中国版本图书馆 CIP 数据核字（2020）第 132006 号

| | | |
|---|---|---|
| 出 版 人 | 赵剑英 | |
| 责任编辑 | 赵　丽 | |
| 责任校对 | 夏慧萍 | |
| 责任印制 | 王　超 | |

| | | |
|---|---|---|
| 出　　版 | 中国社会科学出版社 | |
| 社　　址 | 北京鼓楼西大街甲 158 号 | |
| 邮　　编 | 100720 | |
| 网　　址 | http://www.csspw.cn | |
| 发 行 部 | 010 – 84083685 | |
| 门 市 部 | 010 – 84029450 | |
| 经　　销 | 新华书店及其他书店 | |

| | |
|---|---|
| 印　　刷 | 北京君升印刷有限公司 |
| 装　　订 | 廊坊市广阳区广增装订厂 |
| 版　　次 | 2020 年 11 月第 1 版 |
| 印　　次 | 2020 年 11 月第 1 次印刷 |

| | |
|---|---|
| 开　　本 | 710×1000　1/16 |
| 印　　张 | 16 |
| 字　　数 | 223 千字 |
| 定　　价 | 95.00 元 |

凡购买中国社会科学出版社图书，如有质量问题请与本社营销中心联系调换
电话：010 – 84083683

# 出 版 说 明

为进一步加大对哲学社会科学领域青年人才扶持力度，促进优秀青年学者更快更好成长，国家社科基金设立博士论文出版项目，重点资助学术基础扎实、具有创新意识和发展潜力的青年学者。2019 年经组织申报、专家评审、社会公示，评选出首批博士论文项目。按照"统一标识、统一封面、统一版式、统一标准"的总体要求，现予出版，以飨读者。

全国哲学社会科学工作办公室

2020 年 7 月

# 摘　　要

　　非自杀性自伤（Non-Suicidal Self-Injury，NSSI，以下简称自伤）行为是一种区别于自杀行为的心理病理现象。自伤领域研究者最为关注的问题之一是：个体为什么会自伤？为解决这一问题，研究者已经寻找到多种自伤的影响因素，并从各种角度描述自伤发生的过程。这些研究及理论极大地丰富了人们对自伤行为的认识，却不能解释这样的现象：两个遭遇同样困难情境、有着同样危险因子的青少年，一个选择了攻击他人，一个却选择了自伤。此外，前人多关注较为远端的自伤影响因素，但对较近端的影响因素关注较少。基于此，本书将着重探讨从事件发生开始，是哪些因素导致个体产生了自伤行为而不是其他行为。具体来看，本书分为三个部分：

　　第一部分：自伤影响因素的质性研究。本书将探讨自伤的发生过程，着重关注直接影响自伤发生的因素。由于其中涉及的大量内部体验很难用量化的方法进行全面测量，本书将采用质性研究的方法，对这些影响因素进行深入分析。选取 18 名自伤者进行深度访谈，并采用共识性质性研究方法（CQR）对访谈材料进行分析。结果表明，从自伤的诱发事件产生到个体最终采取自伤行为，影响其最终选择自伤而非其他方式的因素可以划分为 4 个维度：触发事件、心理状态、自伤动机、方式选择。这几个维度组成一个有机整体，导致了自伤行为的发生。

　　第二部分：自伤关键影响因素的量化研究。质性研究结果显示，有 4 个因素与自伤关系密切：高情绪强度，对自伤的态度，自伤的

"优势"，认知受限。因此，本书将在后续对这四个变量与自伤的关系分别进行量化检验。结果表明：高负性情绪会导致自伤者更倾向于选择自伤行为；自伤者对自伤行为持负性内隐态度，但与其他人群差异不显著；自伤能在更短的时间内让自伤者从负性情绪/认知中逃离；但从调节的效果来看，自伤和其他的调节方式并不存在显著差异；在高、低负性情绪下，自伤者与非自伤者的社会问题解决能力均无显著差异；不过在高负性情绪下，自伤者解决问题的自我效感能显著降低，而非自伤者没有出现这种变化。

第三部分：自伤行为的发生过程及干预要点。结合前文中质性研究和量化研究结果，本部分尝试对自伤行为发生的动态过程进行详细的描述，并构建自伤行为发生的理论模型。在对自伤者进行干预时，要详细了解其典型的自伤情形，关注自伤发生前的事件、感受、动机等，并需要了解其在当时的情形下为何选择自伤而非其他行为，根据这些情况来制定具体的治疗方案。

**关键词：**自我伤害行为；近端影响因素；发生过程；质性研究；量化研究

# Abstract

Non-Suicidal Self-Injury ( NSSI ) is a psychopathological phenomenon that differs from suicidal behavior. Why people hurt themselves is one of the most concerned questions for the researchers of NSSI. Researchers had identified a large number of factors influencing NSSI, and also had described the process of self-injury from different perspectives. However, although these studies and theories have greatly enriched the current understanding of NSSI, such phenomenon cannot be explained: two teenagers who encounter the same difficult situation and have the same risk factors, one chooses to attack others, and the other chooses self-injury. Given such a background, this study attempts to return to the life experiences of non-suicidal self-injurers and explore which factors directly affect the individual's self-injurious behavior, and clarify the process of NSSI. Three parts were included:

Part 1: Qualitative study on the influencing factors of NSSI. This study explored the factors leading to self-injurious behaviors in the first place. Given the involvement of a large number of internal experiences, quantifying comprehensive measurements is generally difficult. Thus, this study will use the qualitative research method to carry out a thorough and comprehensive analysis of these factors. Eighteen self-injured people were selected for in-depth interviews, and the Consensual Qualitative Research ( CQR ) method was used to analyze the interview materials. The results showed that from the factors that affect his ultimate choice of self-injury rather than other methods can be divided into four domains: Trigger events. Mental state. Motivation. Means selection.

Part 2: Quantitative study on the key influencing factors of NSSI. The results of study 1 showed that self-injurers choose NSSI behaviors under the combined influences of many factors. Several variables appear to be highly representative and are seldom described in previous studies; these variables are high emotional intensity, advantages of NSSI, and cognitive limitations. Therefore, this research will conduct a quantitative study on the relationships between these three variables and NSSI. The results showed that: (1) self-injurers tend to choose NSSI under the condition of high emotional intensity; (2) the self injuriers showed a negative implicit attitude for NSSI, but not significantly different from other groups; (3) NSSI can help self-injurers escape from negative emotion within a shorter time than music. No significant difference between the regulation results of NSSI and those of other methods was noted; (4) there were no significant difference between self-injurers and non-self-injurers when solving social problems under high and low negative emotions. However, under the condition of high negative emotion, the self-efficacy of self-injurers in solving problems was significantly reduced while that of non-self-injurers was not.

Part 3: the process of NSSI and the points of interventions. Combining current findings with earlier results of qualitative and quantitative research, this section attempts to describe the dynamic process of NSSI and construct theoretical models of self-injurious behavior. And the therapists need to understand the situation of NSSI in detail; focus on the events, feelings, and motivations of an individual before choosing NSSI; and determine why this behavior and not some other methods are selected. When this information is known, specific therapeutic targets can be formulated.

**Key Words**: Non-Suicidal Self-injury; the proximal influencing factors; the process of NSSI; qualitative study; quantitative study

# 目　　录

# Contents

# 第 一 章

## 研究背景

自我伤害行为是一种复杂的心理病理现象。有自我伤害行为的个体可能会采用各种方法来伤害自己的身体，如用刀片割自己、用烟头烫自己等。这些行为并不罕见，几乎所有文化中都出现过自我伤害行为，甚至有些宗教认为这是一种赎罪的方式并对其加以鼓励。[①]

近年来，自伤行为吸引了越来越多人的注意。有些广受欢迎的明星如 Angelina Jolie 曾公开表示曾割伤过自己[②]，而且网络上关于自伤的视频或论坛也屡见不鲜。研究者认为，媒体和网络的普及使得自伤行为更为普通大众所接受。[③] 研究显示，自伤在西方普通人群中的发生率约为4%[④]；美国一项横跨48个州的随机电话调查显示，

① Veague, H. B. , & Collins, C. , *Cutting and Self-harm*, New York: Infobase Publishing, 2009, p. 5.

② Adler, P. A. , & Adler, P. , "The Demedicalization of Self-Injury from Psychopathology Tosociological Deviance", *Journal of Contemporary Ethnography*, Vol. 36, No. 5, 2007, pp. 537 – 570.

③ Lewis, S. P. , & Baker, T. G. , "The Possible Risks of Self-Injury Web Sites: A Content Analysis", *Archives of Suicide Research*, Vol. 15, No. 4, 2011, pp. 390 – 396.

④ Briere, J. , & Gil, E. , "Self-Mutilation in Clinical and General Population Samples: Prevalence, Correlates, and Functions", *American Journal of Orthopsychiatry*, Vol. 68, No. 4, 1998, pp. 609 – 620.

成年人（19—92 岁）的自伤发生率为 5.9%，其中 1.3% 曾自伤过十次以上，0.9% 的人在过去一年内自伤。[①] 关于自伤发生率的元分析显示，自伤在青少年中的发生率为 17.2%，年轻人中的发生率为 13.4%，成年人中的发生率为 5.5%[②]；Muehlenkamp 等人[③]关于青少年自伤发生率的元分析表明，自伤在青少年中的平均发生率约为 18%。

自伤在中国青少年中发生的比例也很高。You 等人[④]通过调查发现，自伤在中国青少年中的发生率约为 15%；有研究者通过质性访谈确定了 20 种自伤方式并编制成问卷，通过对 1283 名初高中生进行调查发现，57.4% 的学生至少自伤过一次[⑤]；自伤在工读学校学生中的发生率更是高达 83.5%。[⑥] 与国外研究一致，中国自伤青少年初次自伤的年龄集中在 12—14 岁，且多数青少年不止采用一种自伤方式。

这些数据表明，自伤是一种相对常见的行为障碍，尽管这种高发生率可能是由于自伤行为测量问卷所包含的自伤种类不同、样本

①　Klonsky, E. D., "Non-Suicidal Self-Injury in United States Adults: Prevalence, Sociodemographics, Topography and Functions", *Psychological Medicine*, Vol. 41, No. 9, 2011, pp. 1981 – 1986.

②　Swannell, S. V., Graham E., Martin, M. R. D., Page, A., Hasking, P., & John, N. J. S., "Prevalence of Nonsuicidal Self-Injury in Nonclinical Samples: Systematic Review, Meta-Analysis and Meta-Regression", *Suicide and Life-Threatening Behavior*, Vol. 44, No. 3, 2014, pp. 273 – 303.

③　Muehlenkamp, J. J., Claes, L., Havertape, L., & Plener, P. L., "International Prevalence of Adolescent Non-Suicidal Self-Injury and Deliberate Self-Harm", *Child and Adolescent Psychiatry and Mental Health*, Vol. 6, No. 10, 2012, pp. 1 – 9.

④　You, J., Leung, F., Fu, K., & Lai, C. M., "The Prevalence of Nonsuicidal Self-Injury and Different Subgroups of Self-Injurers in Chinese Adolescents", *Archives of Suicide Research*, Vol. 15, No. 1, 2011, pp. 75 – 86.

⑤　郑莺：《武汉市中学生自我伤害行为流行学调查及其功能模型》，硕士学位论文，华中师范大学，2006 年。

⑥　冯玉：《青少年自我伤害行为与个体情绪因素和家庭环境因素的关系》，硕士学位论文，华中师范大学，2008 年。

不同质、样本代表性等问题所引起，但这仍然让研究者意识到必须重视该行为。有研究者对自伤造成的后果进行过评估和统计，结果发现，它会对个体的健康构成重大风险。曾有研究者分析了 97 名自伤住院病人的医疗记录，结果发现 76.3% 的病例有身体损伤记录，其中最常见的是软组织撕裂和挫伤（49.5%），其次是永久性疤痕和愈伤组织形成（42.3%）。最严重的损伤包括眼睛的永久性损伤（白内障形成、穿孔或视网膜脱离，占 4.7%）。[1] 此外，自伤者在未来的自杀风险更高[2]，且有报告描述了自伤可能是导致个体死亡的原因的案例。[3]

对大多数人来说，自伤行为实在令人费解，因为人类行为的组织原则之一就是最大限度地追求快乐并将痛苦降到最低[4]，但自伤者却不断用各种可怕的方式来伤害自己的身体。因此，自伤常常会给自伤者身边的家人、朋友、医护人员等带来巨大的压力，让他们感到震惊、愤怒、厌恶、恐惧和恐慌。这些反应往往源自人们对自伤者的误解，例如，认为自伤者会对他人造成威胁，因此最好避开他们。但这种想法其实没有根据，大量研究表明，大多数自伤者从来没有想过要攻击别人。虽然他们的行为可能会危及自己的生命，但他们很少对他人构成威胁。[5] 还有人认为，自伤是个体为了寻求关注。虽然当个体试图表达自己的痛苦而被置若罔闻时，他们可能会

----

① Hyman, S. L., Fisher, W., Mercugliano, M., & Cataldo, M. F., "Children with Self-Injurious Behavior", *Pediatrics*, Vol. 85, No. 3, 1990, pp. 437–441.

② Hawton, K., Rodham, K., Evans, E., & Weatherall, R., "Deliberate Self Harm in Adolescents: Self Report Survey in Schools in England", *British Medical Journal*, Vol. 325, No. 23, 2002, pp. 1207–1211.

③ Nissen, J. M. J. F., & Haveman, M. J., "Mortality and Avoidable Death in People with Severe Self-Injurious Behaviour: Results of a Dutch Study", *Journal of Intellectual Disability Research*, Vol. 41, No. 3, 1997, pp. 252–257.

④ McKenzie, K. C., & Gross, J. J., "Nonsuicidal Self-Injury: An Emotion Regulation Perspective", *Psychopathology*, Vol. 47, No. 4, 2014, pp. 207–219.

⑤ Sutton, J., *Healing the Hurt Within*, Begvroke: How To Content Press, 2007, pp. 35–62.

采用自伤来引起他人的关注，但是，对大多数自伤者来说，他们自伤并非是为了控制他人，而是为了释放自己内在的痛苦。[①]

如果社会仅仅将自伤看作一个难以处理的问题，而更愿意将它掩盖起来，那么就会使得自伤者更害怕说出自己的问题，以免遭受到评判和指责。事实上，尽管他人难以理解这些似乎毫无意义的行为，但对于自伤者来说，这一行为对他们具有重要的意义。因此，只有充分了解这一行为，进而找到有效的干预方法，才能更好地帮助自伤者恢复更健康完善的生活。

多年来，该领域的研究者最想解决的问题之一是个体为什么会自伤。研究者主要沿着两个方向对该问题进行研究：一是从自伤的功能出发，试图理解个体是为了达到什么目的而采取该行为。自伤的"二维四功能"模型认为，自伤具有个体正强化、个体负强化、人际正强化和人际负强化四种功能。例如，为寻求刺激而进行的是个体正强化功能的自伤，为缓解负性情绪而进行的是个体负强化功能的自伤，为获得关注而进行的是人际正强化功能的自伤，为逃避责任而进行的是人际负强化功能的自伤。其中最重要的，是自伤的个体负强化功能。即自伤主要是帮助个体从高强度的负性情绪中逃脱出来。[②] 二是寻找与自伤关系密切的因素，如：童年期虐待。研究者认为，早期的虐待可能使得个体发展出个人或人际易感性，这就使得这些人倾向于对有挑战的或压力事件表现出情感或社会功能失调，造成他们需要采用自伤或其他极端行为来调节他们的情绪。[③] 不过，这一因素虽然能增加个体自伤的可能性，但同样会增加个体罹

---

① Klonsky, E. D., "The Functions of Deliberate Self-Injury: A Review of the Evidence", *Clinical Psychology Review*, Vol. 27, No. 2, 2007, pp. 226 – 239.

② Chapman, A. L., Gratz, K. L., & Brown, M. Z., "Solving the Puzzle of Deliberate Self-Harm: The Experiential Avoidance Model", *Behaviour Research and Therapy*, Vol. 44, No. 3, 2006, pp. 371 – 394.

③ Nock, M. K., "Why Do People Hurt Themselves? New Insights Into the Nature and Functions of Self-Injury", *Current Directions in Psychological Science*, Vol. 18, No. 2, 2009, pp. 78 – 83.

患其他精神障碍的风险。

总的来看，尽管目前该领域已经积累了大量的研究成果，但对于一些关键性的问题，研究者仍然难以给出清晰的解释。例如，个体可以采用各种方法来获得关注或调节情绪，为什么他们会选择自伤？在童年期遭受虐待的个体，在将来罹患其他精神障碍的风险也很大，为什么这部分人发展出的是自伤行为？

在此背景下，本书将以自伤为主题，着重了解是哪些因素导致个体最终选择了自伤行为，以期对自伤行为有进一步的认识，并为该行为的干预提供参考。此外，尽管研究显示自伤在国内青少年和大学生中的发生率相当高，但该行为在国内并未引起充分关注，本书将以国内的自伤者为研究对象，以期能更深入了解中国自伤者所独有的特征。

# 第 二 章

## 研究现状

## 第一节 概念界定

### 一 自伤概念的发展

西方研究者对自我伤害行为的关注已有一百多年历史，1880年，国外研究者就在边缘型人格障碍（Borderline Personality Disorder，BPD）的临床样本中注意到自我伤害行为。[①] 1913年，有研究者在一例心理分析个案中，首次尝试对这一行为进行界定；1938年，Menninger提出，若个体体验到情绪不安或困扰后，重复割伤、穿刺、灼烧或是用其他方式伤害自己的皮肤，并在之后感到放松，则这是一种临床问题，他将这一行为命名为"部分自杀"（Partical Suicide），并将其定义为自我破坏冲动下的非致命性行为，是个体削弱求死愿望的表达。[②]

但是，随着更多的研究者关注到此类现象，各种新的定义也不断出现。例如，有研究者将此类行为称为"准自杀"（Parasuicide），

[①] 于丽霞：《一样自伤两样人：自伤青少年的分类研究》，博士学位论文，华中师范大学，2013年。

[②] 贺号：《自伤青少年生理唤醒、压力容忍度和社会技能的关系》，硕士学位论文，华中师范大学，2007年。

并将其定义为"个体故意导致自己产生不致命的肉体损伤，或为社会所不接受的毁容"[1]。或将其称为"自我伤害行为"（Self-Injurious Behaviors），并将其定义为"没有自杀意图的、反复蓄意间接地进行自我损毁，产生不致命的伤口"[2]。有研究者统计，至少有33个术语曾被用来指代自我伤害行为[3]，其中，以 Deliberate Self-Harm，Self-Injury，Self-Mutilation，Parasuicide 这四个术语的使用频率最高。[4]

　　尽管各种定义的侧重点各有不同，但研究者逐渐认识到，根据个体在实施自伤时是否存在死亡意图，可以将自伤行为分为两类：一类是自杀性行为；另一类属于非自杀性的自我伤害行为。[5] 其中后者是大家通常所指的"自伤行为"，其特征主要体现在：一是没有自杀意图；二是不被社会接纳，且在医学认定之外，像文身、刮痧之类就不在其中；三是直接、故意性，即行为应在有意识的状况下直指身体，而非自动或无意识行为；四是对身体造成的损害应为轻微或中度，而重大、致命的伤害，如挖眼等则排除在外；五是重复性，即自伤行为是重复发生的。

　　随着对自伤行为的认识越来越深入，研究者逐渐意识到，有必要对自伤行为进行清晰、统一的界定。近年来，在多位研究者的努力下，学界采用受到广泛认可的 Gratz 的界定，即自我伤害行为是指

---

　　① Hirsch, S. R., Walsh, C., & Draper, R., "The Concept and Efficacy of the Treatment of Parasuicide", *British Journal of Clinical Pharmacology*, Vol. 15, No. 2, 2012, pp. 189 – 194.

　　② Herpertz, S., Sass, H., & Favazza, A., "Impulsivity in Self-Mutilative Behavior: Psychometric and Biological Findings", *Journal Psychiatry Research*, Vol. 31, No. 4, 1997, pp. 451 – 465.

　　③ 郑莺：《武汉市中学生自我伤害行为流行学调查及其功能模型》，硕士学位论文，华中师范大学，2006年。

　　④ 冯玉：《青少年自我伤害行为与个体情绪因素和家庭环境因素的关系》，硕士学位论文，华中师范大学，2008年。

　　⑤ Prinstein, M. J., "Introduction to the Special Section on Suicide and Nonsuicidal Self-Injury: A Review of Unique Challenges and Important Directions for Self-Injury Science", *Journal of Counseling and Clinical Psychology*, Vol. 76, No. 1, 2008, pp. 1 – 8.

在没有自杀意图，并排除社会接纳和医学认可的情况下，个体直接、故意地改变或破坏自己的身体组织①，并将其正式命名为"非自杀性自我伤害行为"（Non-Suicidal Self Injury，NSSI）。②

### 二 DSM-5 建议的定义及诊断标准

2013 年，美国《精神疾病诊断与统计手册（第 5 版）》（DSM-5）正式将非自杀性自我伤害行为列为"可能成为临床关注焦点的其他状况"之一③，并将其定义为"蓄意破坏自己的身体，使自己流血、产生瘀伤或疼痛（例如：切割、灼烧、刺、打、过度摩擦），该行为会对个体造成轻到中度的伤害（无自杀意图）"。

DSM-5 建议的诊断标准为：

（1）在过去 1 年内，个体有 5 天（或以上）曾自伤。注意："无自杀意图"或是由个体自己报告，或是根据其行为作出判断，即个体重复采取某行为，并知道该行为不会导致死亡。

（2）个体采取自伤行为是为了达到一个或多个以下目的：从负性的感受或认知状态中得到解脱；为解决人际困境；要诱发一种正性的感受状态。

（3）至少与下列中的一项相关：在自伤前的一小段时间内，出现人际困境或负性感受或想法，例如抑郁、焦虑、愤怒、广泛痛苦，或自我批评；在自伤前，对于难以控制的目标行为非常专注；即使在不自伤时也会经常想到自伤。

（4）该行为或行为结果造成显著的临床困扰，或对人际、学业

---

① Gratz, K. L., "Measurement of Deliberate Self-Harm: Preliminary Data on the Deliberate Self-Harm Inventory", *Journal of Psychopathology and Behavioral Assessment*, Vol. 23, No. 4, 2001, pp. 253-263.

② Prinstein, M. J., "Introduction to the Special Section on Suicide and Nonsuicidal Self-Injury: A Review of Unique Challenges and Important Directions for Self-Injury Science", *Journal of Counseling and Clinical Psychology*, Vol. 76, No. 1, 2008, pp. 1-8.

③ American Psychiatric Association, *Diagnostic and Statistical Manual of Mental Disorders* (5ʰ ed.), Washington, DC: Author, 2013, pp. 803-806.

或其他重要功能造成影响。

（5）该行为不是在精神疾病发作、谵妄、物质中毒或物质戒断期间发生。对于有精神发育障碍的个体来说，该行为不是其重复刻板行为的一部分。该行为不能被另一种精神障碍或病理状况更好地说明（如：精神障碍、自闭症、智力障碍、自毁容貌综合征、伴自伤的刻板运动障碍、拔毛症、皮肤搔抓障碍）。

根据以上标准，有以下几个问题需要引起注意：

自伤的基本特征是：个体不断对自己的身体表面造成浅表但疼痛的伤害。该行为最常见的目的是为了减轻负性情绪，例如紧张、焦虑、自我谴责，或是解决人际交往困境。在某些情况下，这种伤害被认为是一种应得的自我惩罚。个体通常报告在自伤的过程中会立即体验到放松，如果该行为经常发生，它可能与急迫感和渴求感有关，并代表了一种上瘾的行为模式。所造成的伤口会越来越深，越来越多。

个体常常会使用刀、针、剃刀或其他锋利的物体来进行自伤，常见的伤害区域包括大腿内侧和前臂内侧。一次自伤可能会包括一系列浅表的、平行的割伤——伤口之间相隔1—2厘米，这些伤口一般都会流血，最后会留下疤痕。其他自伤方法包括用针或锋利的尖刀刺伤某一区域（通常是上臂），用烟头烫伤，或是用橡皮反复摩擦皮肤并最终灼伤自己。使用的自伤方法越多，个体的心理病理程度可能更严重，而且还可能会有自杀企图。

### 三　自伤与其他心理病理现象的关系

#### （一）自伤与自杀行为

从自伤的定义可以看出，自伤与自杀是本质上不同的两种行为。然而，由于这二者在表现形式上非常接近，人们常常将这二者混为一谈。但实际上，它们在多个层面都存在显著差异。

首先，二者在行动意图上存在根本不同。一个典型的自伤者会说"我割伤自己是为了让自己感觉好一点，我不想死"。而试图自杀者会说"我的生活已经不值得过下去了，所以我会割腕"。不过，有些时候这些人被某些强烈的情绪所淹没，所以事后他们也无法明确说出为何会伤害自己："我也不知道为什么我把那些药全吃了，就觉得好像应该这样做。"此时，就需要借助其他手段来对二者进行区分。

其次，二者对身体的损坏程度和致死性存在差异。研究表明，常见的自杀方法，如跳楼、割腕、溺水等，均为致死性非常高的行为；相比之下，常见的自伤行为，如割伤（割手臂或大腿）、打自己、（用烟头）烫自己等，对身体的伤害的程度和致死性更低一些。

最后，二者在发生频率上也存在差异。总的来说，自伤发生的频率比个体企图自杀的频率要高得多。大多数企图自杀的个体不会频繁出现自杀的举动，对他们中的大多数人来说，当其生活中的危机消失，他可能不会再次尝试自杀。然而，也有部分人会不断尝试自杀，这些人往往是患有严重而持久的精神疾病（例如，重度抑郁、双相情感障碍等）。相比之下，自伤行为发生的频率要高得多。许多自伤者会频繁地伤害自己的身体，甚至多达数百次。

此外，自伤与自杀者在心理痛苦、认知受限、绝望的程度等方面也存在不同。不过，二者的联系也非常紧密，有研究表明，与非自伤者相比，自伤者更倾向于在将来企图自杀。① 而且相比其他类型的自伤者，单独自伤的个体更倾向于报告有自杀意念、计划和尝试。②

（二）自伤与边缘型人格障碍

长期以来，自伤都被认为是边缘型人格障碍（BPD）的症状之

---

① Muehlenkamp, J. J., & Gutierrez, P. M., "Risk for Suicide Attempts Among Adolescents Who Engage in Non-Suicidal Self-Injury", *Archives of Suicide Research*, Vol. 11, No. 1, 2007, pp. 69 – 82.

② Klonsky, E. D., "The Functions of Self-Injury in Young Adults Who Cut Themselves: Clarifying the Evidence for Affect-Regulation", *Psychiatry Research*, Vol. 166, No. 2, 2009, pp. 260 – 268.

一。因为情绪不稳定和失调是 BPD 的核心特征，所以自伤在这种障碍中的发生率特别高。有数据表明，在临床机构，许多 BPD 患者都有自伤行为，发生率高达 80.7%——比在其他的轴 II 障碍中的发生率高四倍。[①] 自伤与 BPD 有很强的横向联系[②]，尽管并非所有的自伤者都能被诊断为 BPD，但大量研究结果提示，BPD 症状可能是一个预测自伤进程的变量，因此，需要对自伤进行更有力的监控和治疗。但目前许多研究支持将自我伤害行为作为一个独立的症状。事实上，越来越多的研究表明没有 BPD 的个体也可能存在自我伤害行为。[③] 此外，还有证据表明成熟本身就可能导致自我伤害行为的终止，而 BPD 则是持续的，这提示，自伤可能是一种单独存在的临床症状。

（三）自伤与其他心理病理现象

自伤与多种心理病理现象存在密切关系。前人研究表明，自伤最常被用来处理激烈的消极情绪。因为这种高消极情绪是多种障碍的特征，所以自伤在许多精神障碍的病人中都可能出现。经常报道的自伤并发症有边缘型人格障碍、酒精和物质滥用、饮食障碍、分离、躯体化或躯体变形障碍、抑郁和焦虑障碍、创伤后应激障碍、几种人格障碍和精神分裂症；特别是饮食障碍和物质滥用障碍。了解与自伤与各种不同障碍的共病情况，能进一步促进对自伤行为的了解。

---

① Zanarini, M. C., Parachini, E. A., Frankenburg, F. R., Holman, J. B., & Silk, K. R., "Sexual Relationship Difficulties Among Borderline Patients and Axis ii Comparison Subjects", *Journal of Nervous & Mental Disease*, Vol. 191, No. 7, 2003, pp. 479 - 482.

② Klonsky, E. D., Oltmanns, T. F., & Turkheimer, E., "Deliberate Self-Harm in a Nonclinical Population: Prevalence and Psychological Correlates", *American Journal of Psychiatry*, Vol. 160, No. 8, 2003, pp. 1501 - 1508.

③ Briere, J., & Gil, E., "Self-Mutilation in Clinical and General Population Samples: Prevalence, Correlates, and Functions", *American Journal of Orthopsychiatry*, Vol. 68, No. 4, 1998, pp. 609 - 620.

　　研究显示，自伤与抑郁和焦虑障碍存在相关，因为这两种障碍也和 BPD 一样，以负性情绪和情绪失调为特征。[1] 有证据表明，自伤者中，达到抑郁症诊断标准的个体占到 31%—70.7%。在住院自伤青少年样本中，71.4% 的个体报告采用自伤"应对紧张或恐惧"，与在社区青少年样本中得到结论一致。[2] 在 509 名患创伤后应激障碍（Posttraumatic Stress Disorder，PTSD）的男性新兵中，54.9% 的个体在过去的两周中有自我毁灭行为。[3] 相比抑郁，焦虑与自伤的关系更强。一个可能的推测是：焦虑与促进自伤的情绪唤起或压力的相关更紧密。[4]

　　此外，很多人认为自伤代表了一种冲动控制的障碍。许多自伤者从产生自伤想法到采取行动之间，所用时间少于 5 分钟。[5] 自伤个体更可能参与其他冲动性行为，包括暴食、酒精/药物滥用、性滥交、赌博，等等。这些冲动行为的高共发率使得一些人认为，自伤是"多种—冲动性人格障碍"的一部分。[6] 然而，关于自伤与冲动性的关系目前还不清楚，但是有研究表明自伤确实与个体的冲动

① Gross, J. J, & Munoz, R. F., "Emotion Regulation and Mental Health", *Clinical Psychology Science & Practice*, Vol. 2, No. 2, 1995, pp. 151 – 164.

② Laye-Gindhu, A., & Schonert-Reichl, K. A., "Nonsuicidal Self-Harm Among Community Adolescents: Understanding the 'Whats' and 'Whys' of Self-Harm", *Journal of Youth and Adolescence*, Vol. 34, No. 5, 2005, pp. 447 – 457.

③ Sacks, M. B., Flood, A. M., Dennis, M. F., Hertzberg, M. A., & Beckham. J. C., "Self-Mutilative Behaviors in Male Veterans with Posttraumatic Stress Disorder", *Journal of Psychiatric Research*, Vol. 42, No. 6, 2008, pp. 487 – 494.

④ Klonsky, E. D., & Glenn, C. R., "Assessing the Functions of Non-Suicidal Self-Injury: Psychometric Properties of the Inventory of Statements About Self-injury (ISAS)", *Journal of Psychopathology and Behavioral Assessment*, Vol. 31, No. 3, 2008, pp. 215 – 219.

⑤ Nock, M. K., & Prinstein, M. J., "Contextual Features and Behavioral Functions of Self-Mutilation Among Adolescents", *Journal of Abnormal Psychology*, Vol. 114, No. 1, 2005, pp. 140 – 146.

⑥ Lacey, J. H., & Evans, C. D., "The Impulsivist: A Multi-Impulsive Personality Disorder", *British Journal of Addiction*, Vol. 81, No. 5, 1986, pp. 641 – 649.

性有关。[1]

### 四 自伤的分类

随着对自伤认识的深入，研究者注意到并非所有的自伤都是同质的。例如，关于自伤影响因素的研究显示，单一因素对自伤的解释力都比较低，这可能是因为没有考虑自伤具有不同的类型，从而使得对某一类自伤很重要的影响因素的解释力被其他类型的自伤所稀释。[2] 因此，研究者尝试用各种方法对自伤进行了分类，从当前的研究结果来看，目前还未能得出为大家所公认的分类体系，但已经取得了初步的成果。

#### (一) 基于症状取向的分类

症状取向是指根据行为自身的症状特征来进行分类。[3] 采用这种分类法，早期最有代表性的是 Favazza 等人提出的分类标准，他们将自伤分为形式化、重大性、强迫性和冲动性自伤。[4] 形式化自伤是指有先天发展缺陷的个体所表现出来的反复撞头、抓咬自己等行为；重大性自伤是指个体在非清醒状态下所采用的对身体组织造成重大损伤的行为，如精神错乱下的挖眼行为；强迫性伤害通常是指反复的拔头发、咬指甲等行为，这些行为一天出现几次，表现出一种强迫性或仪式性的行为模式；冲动性自伤主要包括割伤、烧伤、打自己，这些行为主要和边缘型人格障碍、反社会型人格障碍、创伤后

---

① Janis, I. B., & Nock, M. K., "Are Self-Injurers Impulsive: Results From Two Behavioral Laboratory Studies", *Psychiatry Research*, Vol. 169, No. 3, 2009, pp. 261 – 267.

② 于丽霞:《一样自伤两样人:自伤青少年的分类研究》，博士学位论文，华中师范大学，2013 年。

③ Nock, M. K., & Prinstein, M. J., "Contextual Features and Behavioral Functions of Self-Mutilation Among Adolescents", *Journal of Abnormal Psychology*, Vol. 114, No. 1, 2005, pp. 140 – 146.

④ Walsh, B. W., *Treating Self-Injury: A Practical Guide*, New York: Guilford Press, 2012, pp. 17 – 20.

应激障碍和饮食障碍相关，而且可以进一步细分为情境性的和重复性自伤。情境性自伤偶尔发生，他们伤害自己是为了让自己感觉好些，让自己从不好的想法和情绪中迅速逃离，并重新获得控制感；重复性自伤可能会发展成一种优势行为，具有成瘾行为的特质，这种类型的自伤可能会成为个体对许多内在或外在不良刺激的一种自动化反应。

由上述对各类自伤的描述可以看出，该分类标准下的自伤所涵盖的范围非常广泛，即除了临床上界定的非自杀性自伤外，还包括许多其他种类的伤害自己的行为。后来，Nock 和 Favazza 又在此分类基础上将自伤分为五类：形式化、重大性、轻度、中度、重度自伤①，后三种被界定为非自杀性自伤。

（二）采用统计技术进行的分类

Klonsky 和 Olino 基于自伤的方法、自伤时的社会背景和自伤的功能，采用潜类分析法（Latent Class Analysis，LCA）区分出了不同的自伤者类型，并对这四类自伤者进行了比较。② 结果发现，61%的自伤者属于第一类，这类自伤者自伤行为相对较少，表现出最少的临床症状，研究者将这一类自伤称为"试验性自伤"，并认为这类自伤不同于那些作为应对精神压力方式的长期的自伤；大约有17%的自伤者属于第二类，这些自伤者初次自伤的时间更早，实施更多的自伤行为。他们的 BPD 症状较多，不过总的来说临床症状水平相对较低，可能并不存在严重的精神病理学问题；第三类自伤者（占11%）采用多种自伤方式，他们同时选择自伤的社会功能和个人功

---

① Nock, M. K., & Favazza, A. R., "Nonsuicidal Self-Injury: Definition and Classification", in Nock, M. K., ed., *Understanding Non-Suicidal Self-Injury: Origins, Assessment, and Treatment*, Washington, DC: American Psychological Association, 2009, pp. 9 – 18.

② Klonsky, E. D., & Olino, T. M., "Identifying Clinically Distinct Subgroups of Self-Injurers Among Young Adults: A Latent Class Analysis", *Journal of Consulting and Clinical Psychology*, Vol. 76, No. 1, 2008, pp. 22 – 27.

能，而且比其他组表现出更多的焦虑症状；第四类自伤者（占11%）的特征是：高自杀风险，选择自伤的个人功能，倾向于独自自伤。

2013 年，国内研究者于丽霞从自伤的发生与发展过程出发，采用 Taxometric 分析法和潜在剖面图分析（Latent Profile Analysis，LPA）将青少年的自伤分为两类：病理性自伤和发展性自伤。[①] 两类自伤可以根据自伤频率与伤害程度的综合指标进行区分，病理性自伤占自伤群体的 10% 左右，这一类自伤者的心理病理水平更高；发展性自伤占自伤群体的 80%—90%，这类自伤是与青春期有关的发展性问题，它会随着个体的发展而自行停止。其进一步研究显示，这两类自伤在各种指标上的得分均存在差异，与发展性自伤者相比，病理性自伤者有更严重的心理病理特征，如情绪调节困难、情绪反应性、冲动性、早期创伤性经验等方面的问题。这就说明，即使是同样具有情绪调节困难、早期创伤性经验等影响因素的个体，有一部分由于在这些影响因素上的程度较轻，可能会产生发展性自伤；而还有部分由于问题很严重，则可能发展出病理性自伤。此外，于丽霞在前人研究的基础上找到这两类自伤者的两个核心区分因素：情绪反应性和对社会性线索刺激的反应敏感性，不过这两个因素未能得到实验结果的支持。

# 第二节 自伤的影响因素

## 一 个人易感因素

### （一）人口统计学特征

根据 DSM－5 中的描述，自伤在女性和男性中发生率之比约为

---

① 于丽霞：《一样自伤两样人：自伤青少年的分类研究》，博士学位论文，华中师范大学，2013 年。

3∶1或4∶1。然而，关于自伤在不同性别中的发生率，目前的研究结果并不稳定。有些研究表明在女性中的发生率更高[1]，而另外一些研究者在对以往研究进行总结后发现自伤的发生率并不存在性别差异。[2] 有研究表明，自伤的性别差异主要体现在自伤的方式上：女性自伤者多采用"割"，而男性则更多采用"烧"或"打"的方式来伤害自己。[3] 还有研究者发现在自伤的身体区域上存在性别差异。在一个由105名自伤者（14—18岁）组成的样本中，女生明显更偏爱伤害自己的下臂和手腕，而男生更多会伤害手和手指。[4]

自伤行为在所有年龄都可能会出现，在青少年中的发生率最高。在西方社会，自伤在普通人群中的发生率约为4%，临床样本中约为21%；在普通青少年中为14%—56%，有精神障碍的青少年临床样本为82.4%；大学生中为14%—38%。[5] 该行为一般在12—14岁初次出现[6]，且大多数自伤者会随着年龄的增加自伤行为逐渐消失[7]，

① Whitlock, J., Muehlenkamp, J., Purington, A., Eckenrode, J., Barreira, P., Baral Abrams, G., & Knox, K., "Nonsuicidal Self-Injury in A College Population: General Trends and Sex Differences", *Journal of American College Health*, Vol. 59, No. 8, 2011, pp. 691 – 698.

② Jacobson, C. M., & Gould, M., "The Epidemiology and Phenomenology of Non-Suicidal Self-Injurious Behavior Among Adolescents: A Critical Review of the Literature", *Archives of Suicide Research*, Vol. 11, No. 2, 2007, pp. 129 – 47.

③ Laye-Gindhu, A., & Schonert-Reichl, K. A., "Nonsuicidal Self-Harm Among Community Adolescents: Understanding the 'Whats' and 'Whys' of Self-Harm", *Journal of Youth and Adolescence*, Vol. 34, No. 5, 2005, pp. 447 – 457.

④ Csorba, J., Dinya, E., Plener, P., Nagy, E., & Pali, E., "Clinical Diagnoses, Characteristics of Risk Behaviour, Differences between Suicidal and Non-Suicidal Subgroups of Hungarian Adolescent Outpatients Practising Self-Injury", *European Child & Adolescent Psychiatry*, Vol. 18, No. 5, 2009, pp. 309 – 320.

⑤ 江光荣等：《自伤行为研究：现状，问题与建议》，《心理科学进展》2011年第6期。

⑥ Muehlenkamp, J. J., & Gutierrez, P. M., "Risk for Suicide Attempts Among Adolescents Who Engage in Non-Suicidal Self-Injury", *Archives of Suicide Research*, Vol. 11, No. 1, 2007, pp. 69 – 82.

⑦ Jacobson, C. M., & Gould, M., "The Epidemiology and Phenomenology of Non-Suicidal Self-Injurious Behavior Among Adolescents: A Critical Review of the Literature", *Archives of Suicide Research*, Vol. 11, No. 2, 2007, pp. 129 – 147.

不过开始自伤的年龄越小，要停止这一行为就越困难。

西方调查表明，自伤的发生率存在一些种族差异，在白人中的发生率比在其他种族的人中发生率要高。[1] 然而，当前大多数研究显示，关于自伤是否在白人中的发生率最高并没有定论。国内的流行学调查研究发现，中国普通青少年自伤的发生率高于西方。不过通过检视各研究的调查工具，发现不同研究者所采用的自伤测量工具存在很大差异。如 Gratz 的《故意自伤问卷》涉及 16 种自伤行为[2]；加拿大 Klonsky 团队开发出的测量工具中，包含 12 种常见的自伤行为[3]；而国内常用的测量工具包含约 20 种自伤行为。所以严格地说，这些调查结果所得的发生率不具备可比性。

（二）生物学特征

研究表明，与自伤有关的生物学因素包括内源性阿片肽、5 - 羟色胺、多巴胺能系统、下丘脑—垂体—肾上腺轴等，其中被认为起关键作用的是内源性阿片肽[4]，这是因为内源阿片肽的释放可能既可以解释痛苦体验的减少、唤起降低，也可以解释自伤者报告的情绪增强。[5] Yates 认为，抚养环境中的不良体验会改变个体的生理反应

① Heath, N. L., Ross, S., Toste, J. R., Charlebois, A., & Nedecheva, T., "Retrospective Analysis of Social Factors and Nonsuicidal Self-Injury Among Young Adults", *Canadian Journal of Behavioural Science*, Vol. 41, No. 3, 2015, pp. 180 – 186.

② Gratz, K. L., "Measurement of Deliberate Self-Harm: Preliminary Data on the Deliberate Self-Harm Inventory", *Journal of Psychopathology and Behavioral Assessment*, Vol. 23, No. 4, 2001, pp. 253 – 263.

③ Klonsky, E. D., "The Functions of Self-Injury in Young Adults Who Cut Themselves: Clarifying the Evidence for Affect-Regulation", *Psychiatry Research*, Vol. 166, No. 2, 2009, pp. 260 – 268.

④ Sher, L., & Stanley, B., "Biological Models of Nonsuicidal Self-Injury", in Nock, M. K., ed., *Understanding Non-Suicidal Self-Injury: Origins, Assessment, and Treatment*, Washington, DC: American Psychological Association, 2009, p. 357.

⑤ Claes, L., Klonsky, E. D., Muehlenkamp, J., Kuppens, P., & Vandereycken, W., "The Affect-Regulation Function of Nonsuicidal Self-Injury in Eating-Disordered Patients: Which Affect States are Regulated", *Comprehensive Psychiatry*, Vol. 51, No. 4, 2010, pp. 386 – 392.

性，即童年期虐待会使得调节长期压力反应的生物学系统发生显著改变，而这些改变可能会导致自伤的产生。[1] 此外，创伤可能会导致个体内源性阿片肽系统（Endogenous Opioid System，EOS）的改变，而此种改变通过减轻个体被孤立的感受、为自伤者提供生理上的强化以及诱发导致自伤的状态（如：分离）等方式导致个体自伤。

（三）人格特征

1. 大五人格

一般认为，自伤者具有某些稳定的人格特征。研究者考察了自伤者与非自伤者在大五人格（神经质、尽责性、外向性、开放性、宜人性）上的差异，结果均表明，自伤者的神经质水平更高[2]，这意味着自伤者更容易体验到负性情绪，如焦虑、愤怒、抑郁情绪等。[3]

2. 冲动性和冲动控制

研究发现，许多自伤者从产生自伤想法到采取行动之间，所用时间少于5分钟[4]，而且自伤个体更可能参与其他冲动性行为，包括暴食、酒精/药物滥用、性滥交、赌博等。这些与冲动行为的高共发率使得一些人认为，自伤是冲动性人格障碍的一部分。[5]

---

① Yates, T. M., "Developmental Pathways from Child Maltreatment to Nonsuicidal Self-Injury", in Nock, M. K., ed., *Understanding Non-Suicidal Self-Injury: Origins, Assessment, and Treatment*, Washington, DC: American Psychological Association, 2009, pp. 117 – 137.

② Brown, S. A., "Personality and Non-Suicidal Deliberate Self-Harm: Trait Differences Among a Non-Clinical Population", *Psychiatry Research*, Vol. 169, No. 1, 2009, pp. 28 – 32.

③ Brown, M. Z., Linehan, M. M., Comtois, K. A., Murray, A., & Chapman, A. L., "Shame as a Prospective Predictor of Self-Inflicted Injury in Borderline Personality Disorder: A Multi-Modal Analysis", *Behavior Research and Therapy*, Vol. 47, No. 10, 2009, pp. 815 – 822.

④ Nock, M. K., & Prinstein, M. J., "Contextual Features and Behavioral Functions of Self-Mutilation Among Adolescents", *Journal of Abnormal Psychology*, Vol. 114, No. 1, 2005, pp. 140 – 146.

⑤ Evans, C., & Lacey, J. H., "Multiple Self-Damaging Behaviour Among Alcoholic Women: A Prevalence Study", *The British Journal of Psychiatry*, Vol. 161, No. 5, 1992, pp. 643 – 647.

　　然而关于自伤与冲动性的关系目前并不确定。有研究表明，自伤与自我报告的冲动性有关，特别是某些冲动特征，例如急迫性（例如，当面对消极情绪时采取鲁莽行动的倾向）和延迟性缺乏（例如，无法为了思考和计划而推迟行动）；在自伤者中，坚持性不足能预测更近和更频繁的自伤。①

　　此外，大量研究者认为自伤个体在冲动控制上存在问题，但不同的实验研究却呈现出不同的结果。多个实验研究表明，自伤者和非自伤者在冲动控制上差异不显著②；而于丽霞等人的研究结果表明，在行为学实验及脑电研究中，自伤者的冲动控制明显不如非自伤者。③

　　总之，自伤者在冲动性的某些维度上可能高于非自伤者，而且在冲动控制上也可能存在一些问题。因此当他们面对消极生活事件时，更可能会出现冲动性行为（包括自伤行为）。

　　3. 完美主义

　　近年的研究中，完美主义被概念化为一种复杂的结构，其两个维度分别为：个人标准的完美主义和评价相关的完美主义。其中个人标准的完美主义是指个体为自身设立高标准，这种完美主义不会使个体易于产生心理病理现象，反而可能会产生积极和目标导向的努力。④ 评价相关的完美主义是指当个体在努力达到个人标准的过程中，不断怀疑是否达到了个人标准，而一旦达不到个人标准，个体

---

　　① Glenn, C. R., & Klonsky, E. D., "A Multimethod Analysis of Impulsivity in Non-suicidal Self-Injury", *Personality Disordder*, Vol. 1, No. 1, 2010, pp. 67 – 75.

　　② Janis, I. B., & Nock, M. K., "Are Self-Injurers Impulsive: Results from Two Behavioral Laboratory Studies", *Psychiatry Research*, Vol. 169, No. 3, 2009, pp. 261 – 267.

　　③ 于丽霞、凌宵、江光荣：《自伤青少年的冲动性》，《心理学报》2013 年第 3 期。

　　④ Stoeber, J., & Otto, K., "Positive Conceptions of Perfectionism: Approaches, Evidence, Challenges", *Personality and Social Psychology Review*, Vol. 10, No. 4, 2006, pp. 295 – 319.

会产生消极的自我评价。[1]

研究表明，自伤者表现出更强的完美主义倾向，尤其是评价相关的完美主义。[2] 这可能是因为评价相关的完美主义包括严厉的自我批评和自我损毁倾向，它可能会导致一种广泛的无价值感，甚至是自我憎恨。这些感受会增加个体采取自我毁灭和自我惩罚行为的可能性。[3] 还有研究者从另一个方面给出了解释，认为完美主义（特别是评价相关的完美主义）和负性情绪相关，即高评价相关完美主义的个体的负性情绪更高，这就使得这些人可能倾向于将自伤作为情绪调节或是向他人表明痛苦的一种方式。

### 4. 认知特征

自从认知疗法问世以来，认知因素在各种心理病理现象中的作用受到了越来越多的重视。Aaron Beck 和 Albert Ellis 都认为，心理障碍源于对环境事件的错误解释，这些想法直接影响着我们的情绪、行为和生理状态。是我们对事件的认知反应——而非事件本身——决定了情绪，而精神障碍是"不正确"或"非理性"思维的结果。情感障碍源于对环境事件的错误解释。这些想法直接影响着我们的情绪、行为和生理状态。Beck 把驱动消极情感的想法称为自动消极假定。当个体面对某一特定情境时，作为个体的第一反应，这些没有逻辑或现实基础的想法会自动出现在个体脑中。尽管没有逻辑或现实基础，完全自动的想法意味着它们未经过任何异议就被作为真实的情况接受。[4]

---

① Frost, R. O., Marten, P., Lahart, C., & Rosenblate, R., "The Dimensions of Perfectionism", *Cognitive Therapy and Research*, Vol. 14, No. 5, 1990, pp. 449–468.

② Hoff, E. R., & Muehlenkamp, J. J., "Nonsuicidal Self-Injury in College Students: The Role of Perfectionism and Rumination", *Suicide and Life-Threatening Behavior*, Vol. 39, No. 6, 2009, pp. 576–587.

③ Klonsky, E. D., "The Functions of Deliberate Self-Injury: A Review of the Evidence", *Clinical Psychology Review*, Vol. 27, No. 2, 2007, pp. 226–239.

④ ［英］保罗·贝内特：《异常与临床心理学》，陈传峰等译，人民邮电出版社2005年版，第18—19页。

自伤也可以看作自伤者对外界信息进行"不正确"加工的结果。近年来，有研究者开始关注自伤者的认知特征：一是理解自伤者的"现象场"（Phenomenological Field），即描述自伤眼中的世界是什么样子；二是关注了几个重要的认知变量，如归因风格和反刍，试图以此来了解自伤者加工信息的方式。

（1）认知图式

人本主义心理治疗大师 Rogers 认为，每个人都生活在自己的主观经验世界之中，这个主观的经验世界叫作"现象场"，个体的行为、思想、感受直接由这个现象场来决定[①]，因此了解自伤者的现象场至关重要。不过，当前这一方面的研究多是从认知心理学的角度来进行，在认知心理学领域，有一个与"现象场"非常类似的概念——认知图式。Beck 把认知区分为两种水平：表层认知是我们意识到的，我们可以很方便地接近它并报告出来；潜层的认知是关于我们自己和这个世界的一系列无意识的信念，称为认知图式。[②]

有研究者采用问卷的方法从整体上了解自伤者的认知图式。研究者通过对比自伤者和非自伤者"早期适应不良的图式"（Early Maladaptive Schemas，EMS）发现，自伤者与非自伤者在四个"EMS"上不同：不信任/虐待、情感剥夺、社会隔离/疏远、自我控制/自我约束不足。[③] 国内有研究者采用自我参照编码任务的实验范式考察了自伤大学生的图式特点，结果发现，自伤大学生的自我图式没有正常大学生的自我图式积极。[④]

---

① 江光荣：《人性的迷失与复归：罗杰斯的人本心理学》，湖北教育出版社 2000 年版，第 73—82 页。

② ［英］保罗·贝内特：《异常与临床心理学》，陈传峰等译，人民邮电出版社 2005 年版，第 22 页。

③ Castille, K., Prout, M., Marczyk, G., Shmidheiser, M., Yoder, S., & Howlett, B., "The Early Maladaptive Schemas of Self-Mutilators: Implications for Therapy", *Journal of Cognitive Psychotherapy*, Vol. 21, No. 1, 2007, pp. 58 – 71.

④ 胡皓月：《自伤大学生的自我图式研究》，硕士学位论文，华中师范大学，2014 年。

此外,"绝望"这一认知图式也引起了研究者的重视。绝望是指对获得某种目标有较低的期待,并对获得成功有较少信念,是一种对未来消极期待的认知图式。[1] 还有研究者认为,自伤是一种"反自杀"的行为,一种试图从绝望状态中恢复的尝试。[2] 关于自伤影响因素的元分析也显示,相比其他30多种影响因素,绝望能更显著地预测自伤。[3] 有研究进一步显示,绝望仅与自伤的自我负强化功能相关,也就是说,绝望代表了一种负性的认知状态,个体希望从中逃脱出来(增加逃避行为可能性的先行条件)。[4] 不过值得注意的是,绝望虽然能增加个体自伤的可能性,但同样与自杀的关系非常密切。[5]

上述结果表明,自伤者具有更加负面的认知图式。由于"认知图式"涉及许多方面,研究者们进行了更细化的研究,其中主要包括自伤者对自我的认识和对他人的认识。此外,近年来还有研究者关注到自伤者对自伤行为的看法,他们认为,有可能是因为自伤者对自伤的看法更为正面,所以才会选择自伤行为。

---

① Beck, A. T., Weissman, A., Lester, D., & Trexler, L., "The Measurement of Pessimism: the Hopelessness Scale", *Journal of Consulting and Clinical Psychology*, Vol. 42, No. 6, 1974, pp. 861 – 865.

② Simpson, M. A., "The Phenomenology of Self-Mutilation in a General Hospital Setting", *Canadian Psychiatric Association Journal*, Vol. 20, No. 6, 1975, pp. 429 – 434.

③ Fox, K. R., Franklin, J. C., Ribeiro, J. D., Kleiman, E. M., Bentley, K. H., & Nock, M. K., "Meta-Analysis of Risk Factors for Nonsuicidal Self-Injury", *Clinical Psychology Review*, Vol. 42, No. 6, 2015, pp. 156 – 167.

④ Nock, M. K., & Prinstein, M. J., "Contextual Features and Behavioral Functions of Self-Mutilation Among Adolescents", *Journal of Abnormal Psychology*, Vol. 114, No. 1, 2005, pp. 140 – 146.

⑤ Panagioti, M., Gooding, P. A., & Tarrier, N., "Hopelessness, Defeat, and Entrapment in Posttraumatic Stress Disorder: Their Association with Suicidal Behavior and Severity of Depression", *Journal of Nervous and Mental Disease*, Vol. 200, No. 8, 2012, pp. 676 – 683.

（2）对自我的认识

自伤者的自我概念可能是自伤的一个独特的影响因素。[1] 关于自伤功能的研究表明，自伤的功能之一是自我惩罚[2]，这就说明自伤者认为自己是不好的，他们需要用自伤这种方式来惩罚自己。确实有研究显示，在一个自伤青少年的社区样本中，70%的个体选择"我不喜欢自己"，64%选择"我觉得自己是一个失败者"[3]。而且如果自伤青少年相信自己是坏的、有瑕疵的和有缺陷的，他们更倾向于忍受身体的疼痛，因为他们认为这是自己应得的。[4]

（3）对他人的认识

根据 Nock 的模型，可以将自伤的功能分为两大类：自我功能和人际功能。对于采用自伤来达到自我功能的自伤者，他们自伤是为了调节情绪或是自我惩罚，这些人习惯于自己解决问题，而又由于缺乏有效的应对方式，所以选择了自伤这种极端的方式。对于采用自伤以达到人际功能的自伤者来说，自伤就是解决问题的一种方式，他们会采用自伤来控制其他人，从而获得自己想要的东西或是逃避可能的人际压力。对于这两种不同类型的自伤者，他们对其他人的看法应该会存在差别，不过目前的研究并没有对此作出区分，而是将所有的自伤者作为一个整体来进行讨论。

有研究者采用访谈和自我报告法发现：自伤者报告过度警觉、

---

① Kerr, P., & Muehlenkamp, J., "Features of Psychopathology in Self-Injuring Female College Students", *Journal of Mental Health Counseling*, Vol. 32, No. 2, 2010, pp. 290 – 308.

② Klonsky, E. D., "The Functions of Deliberate Self-Injury: A Review of the Evidence", *Clinical Psychology Review*, Vol. 27, No. 2, 2007, pp. 226 – 239.

③ Laye-Gindhu, A., & Schonert-Reichl, K. A., "Nonsuicidal Self-Harm Among Community Adolescents: Understanding the 'Whats' and 'Whys' of Self-Harm", *Journal of Youth and Adolescence*, Vol. 34, No. 5, 2005, pp. 447 – 457.

④ Hooley, J. M., Ho, D. T., Slater, J., & Lockshin, A., "Pain Perception and Nonsuicidal Self-Injury: A Laboratory Investigation", *Personality Disorder*, Vol. 1, No. 3, 2010, pp. 170 – 179.

敌意态度、在社会和亲密关系中表现出多疑反应。① 有研究采用主题统觉测验将自伤和非自伤的 BPD 患者进行对比，结果发现：自伤组的故事表达了更多的对来自他人的恶意对待的期待，表达了更浅层次的人际关系，几乎没有共情能力，更难调整不良的感受；他们的故事也反映了更多的分离困难和界线混淆、更原始的关系图式；他们对于人际交往中社会因果的理解更差。②

由此可知，在自伤者心中，他人是不安全的，当他们的生活出现问题时，他们更习惯自己解决。这可能是因为他们在早年遭受过虐待，从而产生"他人是不安全的"表征，使得他们不相信其他人会愿意或是有能力帮到他。③

（4）归因风格

归因是指关于结果产生的原因的评价，一般认为，自伤个体倾向于将消极生活事件归因为稳定的、不可控的、内控的原因。有研究者借用抑郁的"认知易感—压力模型"研究了抑郁、归因风格和人际压力事件对自伤的预测作用，结果显示，只有在高消极归因风格下，压力性人际事件才能预测 9 个月和 18 个月后自伤行为的产生。④ 这意味着自伤个体由于习惯对负性生活事件进行内在、稳定和普遍的归因，而产生了对消极情感的易感性，从而使得他们容易在将来发展出自伤行为。还有研究显示，消极的归因风格在童年期情

① Yeomans, F. E., Hull, J. W., & Clarkin, J. C., "Risk Factors for Self-Damaging Acts in a Borderline Population", *Journal of Personality Disorders*, Vol. 8, No. 1, 1994, pp. 10 – 16.

② Whipple, R., & Fowler, J. C., "Affect, Relationship Schemas, and Social Cognition: Self-Injuring Borderline Personality Disorder Inpatients", *Psychoanalytic Psychology*, Vol. 28, No. 2, 2011, pp. 183 – 195.

③ Yates, T. M., & Wekerle, C., "The Long-Term Consequences of Childhood Emotional Maltreatment on Development: (Mal) adaptation in Adolescence and Young Adulthood", *Child Abuse & Neglect*, Vol. 33, No. 1, 2009, pp. 19 – 21.

④ Guerry, J. D., & Prinstein, M. J., "Longitudinal Prediction of Adolescent Nonsuicidal Self-Injury: Examination of a Cognitive Vulnerability-Stress Model", *Journal of Clinical Child & Adolescent Psychology*, Vol. 39, No. 1, 2010, pp. 77 – 89.

绪虐待与自伤的关系中起到部分中介的作用。[①]

所以当面对负性的生活事件时，自伤者很可能习惯于进行消极的归因，这就会使得他们将这些事情更多地归因于自己，而产生更多的负性自我评价。此外，这种风格还可能会使得他们对消极情感更为敏感，这又进一步增加了自伤的可能性。

（5）反刍

反刍（Rumination）是一种个体反复关注自己的想法和情绪的认知过程，它涉及反复地关注消极情绪并沉思它们的原因和结果。关于反刍与自伤的关系，近年来受到了很多研究者的关注。例如，有研究显示，反刍在抑郁症状和自我正强化功能的自伤之间起调节作用[②]；且反刍与生活中经历过的疼痛和刺激性事件能共同预测个体的自伤行为。[③]

反刍之所以与自伤联系紧密，是因为反刍有一种加重和延长消极情绪影响的作用。有研究者提出，个体之所以会选择自伤，是因为他们想回避这种不好的情绪体验[④]，在此基础上，Selby 等人提出了一个新的理论模型——情绪级联模型，对自伤使得个体从消极情绪中解脱出来的原因进行说明。[⑤] 该理论认为，对消极情绪性想法和

① Buser, T. J., & Hackney, H., "Explanatory Style as a Mediator Between Childhood Emotional Abuse and Nonsuicidal Self-Injury", *Journal of Mental Health Counseling*, Vol. 34, No. 2, 2012, pp. 154 – 169.

② Hilt, L. M., Cha, C. B., & Nolen-Hoeksema, S., "Nonsuicidal Self-Injury in Young Adolescent Girls: Moderators of the Distress-Function Relationship", *Journal of Consulting and Clinical Psychology*, Vol. 76, No. 1, 2008, pp. 63 – 71.

③ Selby, E. A., Connell, L. D., & Joiner Jr, T. E., "The Pernicious Blend of Rumination and Fearlessness in Non-Suicidal Self-Injury", *Cognitive Therapy and Research*, Vol. 34, No. 5, 2010, pp. 421 – 428.

④ Chapman, A. L., Gratz, K. L., & Brown, M. Z., "Solving the Puzzle of Deliberate Self-Harm: The Experiential Avoidance Model", *Behaviour Research and Therapy*, Vol. 44, No. 3, 2006, pp. 371 – 394.

⑤ Selby, E. A., Anestis, M. D., & Joiner, T. E., "Understanding the Relationship Between Emotional and Behavioral Dysregulation: Emotional Cascades", *Behaviour Research and Therapy*, Vol. 46, No. 5, 2008, pp. 593 – 611

感受的反刍倾向会提高消极情绪水平，消极情绪的增加反过来又会提高对情绪性刺激的注意水平，从而导致更多的反刍。这种反刍和消极情绪的循环可能造成消极情绪性想法大量涌现，从而通过恶性、反复的循环提高消极情绪的水平，导致一种极令人厌恶的状态。而自伤可以作为一种"分心"方式，使个体将注意力从反刍转移到与自伤相关的强烈的身体感觉（如：疼痛）上，使得情绪级联过程中断。

该理论的提出者强调，这个过程的特征是：消极情绪和反刍同时作用，使得消极情绪和反刍缓慢增强。在这一过程中，反刍是动态的，它快速而强烈。因此，研究者认为，自伤中的反刍可能是不稳定的。此外，研究者还通过即时评估的方法对自伤者进行研究，结果表明，自伤个体在反刍的时候很可能涉及许多事情，他们可能对过去的问题经验、当前压力事件、对未来的忧虑，以及对他的情绪状态进行反刍，而对悲伤和对过去的反刍效应最强。[1]

还有研究者提出一个类似的认知过程：思想抑制，即具有高情绪反应性的人会体验到高度的厌恶想法和情绪，为了应对这些，他们会使用一些心理控制策略以减轻痛苦，策略之一就是压抑厌恶想法。但这往往是一种适得其反的策略，它会导致被压抑想法的反弹，从而加重不想要的想法和情绪，最终，为了降低情绪唤起，个体会使用自伤作为一种分心方式来终止回避厌恶想法和感受。[2]

5. 情绪特征

（1）日常情绪特征

自伤的体验回避模型认为，个体采用自伤行为以回避不良的情

---

[1] Selby, E. A., Franklin, J., Carson-Wong, A., & Rizvi, S. L., "Emotional Cascades and Self-Injury: Investigating Instability of Rumination and Negative Emotion", *Journal of Clinical Psychology*, Vol. 69, No. 12, 2013, pp. 1213 – 1227.

[2] Najmi, S., Wegner, D. M., & Nock, M. K., "Thought Suppression and Self-Injurious Thoughts and Behaviors", *Behaviour Research and Therapy*, Vol. 45, No. 2, 2007, pp. 1957 – 1965.

绪体验①；来自实证研究的结论也表明，自伤最主要的功能是调节消极情绪体验。② 这些研究都强调了情绪对自伤行为的重要作用，然而这些研究多关注的是自伤前较短时间内的情绪状态，并未关注自伤者日常的情绪体验。有研究者采用日记法研究了自伤者和非自伤者的日常情绪体验，结果发现：自伤者比非自伤者体验到更多消极情绪，特别是对自我的不满；自伤者也报告了更少的积极情绪，但这一效应相对较小，即使在控制了轴Ⅰ诊断和BPD症状后，仍得到了相同的结果。③ 总的来说，自伤者在日常生活中体验到了更多的消极情绪，特别是更多的自我不满。

（2）高情绪反应性

研究表明，当面对压力事件时，自伤者报告更频繁和更强烈的消极情绪。④ 有研究采用《情绪反应性量表》测量了个体自我报告的情绪反应，该量表主要测量情绪反应性的三个方面：情绪敏感性、情绪唤起/强度和情绪持久性，结果显示自伤者在这三个维度上的得分都高于非自伤者。⑤ 在同一项研究中，研究者还采用心理生理法进行进一步检验，但结果显示，在观看情绪性图片的过程中，自伤者和非自伤者在情绪性惊跳反应上并无显著差异。

因此，自伤者的情绪反应性可能更强，具体表现为他们在面对

① Chapman, A. L., Gratz, K. L., & Brown, M. Z. "Solving the Puzzle of Deliberate Self-Harm: The Experiential Avoidance Model", *Behaviour Research and Therapy*, Vol. 44, No. 3, 2006, pp. 371 – 394.

② Klonsky, E. D. "The Functions of Deliberate Self-Injury: A Review of the Evidence", *Clinical Psychology Review*, Vol. 27, No. 2, 2007, pp. 226 – 239.

③ Victor, S. E., & Klonsky, E. D., "Daily Emotion in Non-Suicidal Self-Injury", *Journal of Clinical Psychology*, Vol. 70, No. 4, 2014, pp. 360 – 375.

④ Nock, M. K., Wedig, M. M., Holmberg, E. B., & Hooley, J. M., "The Emotion Reactivity Scale: Development, Evaluation, and Relation to Self-Injurious Thoughts and Behaviors", *Behavior Therapy*, Vol. 39, No. 2, 2008, pp. 107 – 116.

⑤ Glenn, C. R., & Klonsky, E. D., "One-Year Test-Retest Reliability of the Inventory of Statements about Self-Injury ( ISAS )", *Assessment*, Vol. 18, No. 3, 2011, pp. 375 – 378.

消极事件时会体验到更强烈的情绪，然而来自自我报告和来自实验的结论并不一致，因此需要进一步的研究。

（3）低痛苦容忍度

从字面上看，痛苦容忍度是指对痛苦的忍受程度，研究者倾向于将其操作化为：个体在遭受多种不良情绪状态的情况下，仍然努力达成某一目标的一种行为倾向，它可能是对知觉到的生理或心理痛苦所产生的一种反应。[1]

缺乏压力容忍度一直被视为是自伤者发展和维持自伤的重要的解释因素。体验回避模型认为，当经历到强烈的负性体验时，个体在低痛苦容忍度等因素的影响下，倾向于选择自伤行为来使自己逃避当下的不愉快体验。[2] 研究者采用实验的方法对此进行了验证，即告知被试，如果他们能坚持到实验（痛苦容忍度测验）结束将会得到更多的奖励，但是大多数自伤青少年在面对挫折时仍然选择了放弃。[3] 此外，关于自伤者的低痛苦容忍度还得到了来自生理唤起和皮质醇水平上的证据。[4]

（4）情绪表达不能

情绪表达不能是指个体不能很好地表达自己的情绪感受，与此相似的一个概念是"述情障碍"（Alexithymia），其以个体不能适当地表达情绪，缺乏幻想、实用性思维为特征。

---

① Brown, R. A., Lejuez, C. W., Kahler, C. W., Strong, D. R., & Zvolensky, M. J., "Distress Tolerance and Early Smoking Lapse", *Clinical Psychology Review*, Vol. 25, No. 6, 2005, pp. 713 – 733.

② Chapman, A. L., Gratz, K. L., & Brown, M. Z., "Solving the Puzzle of Deliberate Self-Harm: The Experiential Avoidance Model", *Behaviour Research and Therapy*, Vol. 44, No. 3, 2006, pp. 371 – 394.

③ Nock, M. K., & Mendes, W. B., "Physiological Arousal, Distress Tolerance, and Social Problem-Solving Deficits Among Adolescent Self-Injurers", *Journal of Consulting and Clinical Psychology*, Vol. 76, No. 1, 2008, pp. 28 – 38.

④ Haines, J., Williams, C. L., Brain, K. L., & Wilson, G. V., "The Psychophysiology of Self-Mutilation", *Journal of Abnormal Psychology*, Vol. 104, No. 3, 1995, pp. 471 – 489.

尽管几乎没有研究直接检验情绪表达不能在自伤行为发展上的作用，但已有证据可以表明它与自伤关系密切。例如，研究表明自伤与述情障碍相关[①]；另外，对于有自伤行为的女性来说，情绪表达不能可预测更频繁的自伤。[②] 更进一步，有研究发现总体上看，自伤的囚犯比无自伤历史的囚犯更内向和沉默寡言，这表明他们不能或是不乐意去口头表达自己的想法、感受或其他内在体验；而当自伤个体学会去口头表达他们的体验时，他们的自伤行为减少了。[③] 这与McLane 关于自伤功能的理论工作是一致的，他认为自伤是那些不能以其他方式表达自己情感的个体的一种表达和沟通的行为。[④]

此外也有证据表明，情绪表达不能与其他因素相互作用，增加个体自伤的风险。有研究表明，高情绪表达不能和更严重的虐待、低积极情绪强度/反应性结合起来，可以预测更频繁的自伤；且述情障碍可能在童年期虐待和后来自伤的关系中起调节作用。[⑤]

（5）情绪调节困难

大量研究证明，情绪调节是自我伤害行为最主要的功能之一，

① Zlotnick, C., Shea, M. T., Pearlstein, T., Simpson, E., Costello, E., & Begin, A., "The Relationship Between Dissociative Symptoms, Alexithymia, Impulsivity, Sexual Abuse, and Self-Mutilation", *Comprehensive Psychiatry*, Vol. 37, No. 1, 1996, pp. 12 – 16.

② Gratz, K. L., "Risk Factors for Deliberate Self-Harm Among Female College Students: The Role and Interaction of Childhood Maltreatment, Emotional Inexpressivity, and Affect Intensity/Reactivity", *American Journal of Orthopsychiatry*, Vol. 76, No. 2, 2006, pp. 238 – 250.

③ Virkkunen, M., "Self-Mutilation in Antisocial Personality (Disorder)", *Acta Psychiatrica Scandinavica*, Vol. 54, No. 5, 1976, pp. 347 – 352.

④ McLane, J., "The Voice on the Skin: Self-Mutilation and Merleau-Ponty's Theory of Language", *Hypatia*, Vol. 11, No. 4, 1996, pp. 107 – 118.

⑤ Gratz, K. L., "Risk Factors for Deliberate Self-Harm Among Female College Students: The Role and Interaction of Childhood Maltreatment, Emotional Inexpressivity, and Affect Intensity/Reactivity", *American Journal of Orthopsychiatry*, Vol. 76, No. 2, 2006, pp. 238 – 250.

情绪调节困难能有效地预测自我伤害行为。[1] Gratz 等人编制了《情绪调节困难量表》（Difficulties in Emotion Regulation Scale，DERS），该量表用 36 个项目评定个体情绪调节困难的水平，分为 6 个维度。[2] 后经国内研究者修订，将原量表的 6 个维度缩减成 5 个维度，分别为：（a）难以意识到自己的情绪反应；（b）不接纳自己的情绪反应；（c）缺乏有效的情绪调节策略；（d）当体验到消极情绪时，难以控制自己的冲动反应；（e）当体验到消极情绪时，难以进行有确定目标的行为。因此，情绪调节是指个体意识、理解、接受自己情绪体验以及灵活地运用策略作出合适的行为。同样，情绪调节困难是指以上任何一种能力的缺失。[3]

由于情绪调节困难所涵盖的内容太过丰富，研究者除了从整体上来研究情绪调节困难与自伤之间的关系外，也会分别研究其各个维度与自伤的关系。目前积累证据较多的除了前文中提到的冲动控制问题外，还包括应对策略方面的研究。

到目前为止，大多数证据都表明自伤者是将自伤行为作为一种降低强烈情绪困扰或消极情绪的一种策略（如：自伤的自我负强化功能）。[4] 而且研究还表明自伤者表现出社会问题解决能力缺陷。[5]

---

[1]　Klonsky, E. D., "The Functions of Deliberate Self-Injury：A Review of the Evidence", *Clinical Psychology Review*, Vol. 27, No. 2, 2007, pp. 226 – 239.

[2]　Gratz, K. L., & Roemer, L., "Multidimensional Assessment of Emotion Regulation and Dysregulation：Development, Factor Structure, and Initial Validation of the Difficulties in Emotion Regulation Scale", *Journal of Psychopathology and Behavioral Assessment*, Vol. 26, No. 1, 2004, pp. 41 – 54.

[3]　冯玉：《青少年自我伤害行为与个体情绪因素和家庭环境因素的关系》，硕士学位论文，华中师范大学，2008 年。

[4]　Chapman, A. L., Gratz, K. L., & Brown, M. Z., "Solving the Puzzle of Deliberate Self-Harm：The Experiential Avoidance Model", *Behaviour Research and Therapy*, Vol. 44, No. 3, 2006, pp. 371 – 394.

[5]　Nock, M. K., & Prinstein, M. J., "A Functional Approach to the Assessment of Self-Mutilative Behavior", *Journal of Consulting and Clinical Psychology*, Vol. 72, No. 5, 2004, pp. 885 – 890.

因此，有研究者假设自伤者是由于在应对和问题解决上缺乏技能，使得他们易于选择自伤作为应对策略。他们采用男性自伤罪犯和对照组（男性非自伤罪犯、非罪犯）比较来检验该假设，结果发现在对他们应对真实问题的策略进行测量时，自伤者采取了更多问题回避行为，自伤者也报告对解决问题的选项知觉到的控制感更少，因此对于自伤者来说，自伤是一种有效的应对策略。[1]

此外，关于自伤者应对风格的研究表明：重复自伤者更可能报告使用回避性的和聚焦于情绪的应对方式，而不是理性或超然的应对方式。但由于这些研究大部分都是由罪犯完成的，因此不清楚这些反应是因为他们真的缺乏恰当的应对技巧，还是由于在这些被限制的压力情境下，他们难以采用更有效的方式。[2]

（6）对自伤行为的态度

有研究者注意到，个体对自伤行为本身的看法可能会影响个体自伤行为的产生。有研究者从计划行为理论的角度来理解个体自伤的意图，结果发现，在控制无助、焦虑、抑郁等情绪因素后，个体对自伤的态度能显著地预测3个月内的自伤意图。[3] 这意味着如果个体认为自伤是可接受的，那么他在将来就更有可能发展出自伤行为。

很多自伤者表示，他们并不认为自伤是一种异常的行为。在实证研究中，研究者们研究了他们对自伤的态度，即个体对自伤行为的积极或消极的评价，有研究者发现，个体一旦采用自伤缓解负性情绪后，他们会更加认同自伤，并将其看作是一种调节负性情绪的有效方式。在一项内隐联想测验中，自伤青少年对于自伤有着更接

---

[1] Haines, J., & Williams, C. L., "Coping and Problem Solving of Self-Mutilators", *Journal of Clinical Psychology*, Vol. 59, No. 10, 2003, pp. 1097 – 1106.

[2] Borrill, J., Fox, P., Flynn, M., & Roger, D., "Students Who Self-Harm: Coping Style, Rumination and Alexithymia", *Counselling Psychology Quarterly*, Vol. 22, No. 4, 2009, pp. 361 – 372.

[3] O'Connor, R. C., & Armitage, C. J., "Theory of Planned Behaviour and Parasuicide: An Exploratory Study", *Current Psychology*, Vol. 22, No. 3, 2003, pp. 196 – 205.

纳的态度，而且将自伤与他们的自我形象连接得更紧密。① 由此可见，自伤者可能对自伤行为的看法更为正面，在他们眼中，自伤也许并不是什么可怕的行为，而只是他们调节情绪的一种方式而已，并不需要进行关注和矫正。

## 二 环境因素

许多研究者还从发展心理病理学的角度来看待自伤行为的产生，如 Yates 的自伤的心理病理模型②和 Nock 的整合模型③都强调早期经验的重要性；还有研究关注童年期经验与后期自伤行为之间的关系，特别是童年期创伤性经历与后来自伤的关系④，这些早期经验主要强调个体和抚养者之间的关系。近年来，还有研究者从自伤者的同伴关系的角度探索了自伤产生的可能原因，而且关注了当前的网络环境对个体自伤行为的影响。

### （一）无效环境

Linhan 关于 BPD 发展的理论说明了几种童年期痛苦经历在自伤发展中的作用，这几种经历都属于"无效环境"。⑤ 所谓"无效环

---

① Nock, M. K., & Banaji, M. R., "Assessment of Self-Injurious Thoughts Using a Behavioral Test", *The American Journal of Psychiatry*, Vol. 164, No. 5, 2007, pp. 820 – 823.

② Yates, T. M., "The Developmental Psychopathology of Self-Injurious Behavior: Compensatory Regulation in Posttraumatic Adaptation", *Clinical Psychology Review*, Vol. 24, No. 1, 2004, pp. 35 – 74.

③ Nock, M. K., "Why do People Hurt Themselves? New Insights into the Nature and Functions of Self-Injury", *Current Directions in Psychological Science*, Vol. 18, No. 2, 2009, pp. 78 – 83.

④ Fliege, H., Lee, J. R., Grimm, A., & Klapp, B. F., "Risk Factors and Correlates of Deliberate Self-Harm Behavior: A Systematic Review", *Journal of Psychosomatic Research*, Vol. 66, No. 6, 2009, pp. 477 – 493.

⑤ Gratz, K. L., "Risk Factors for Deliberate Self-Harm Among Female College Students: The Role and Interaction of Childhood Maltreatment, Emotional Inexpressivity, and Affect Intensity/Reactivity", *American Journal of Orthopsychiatry*, Vol. 76, No. 2, 2006, pp. 238 – 250.

境"是指，在这种环境下，个人经验的交流被忽视、轻视或惩罚；消极情绪的表达基本上不被容忍；期待能控制情绪体验的表达；抚养者对孩子的要求过分卷入或无反应。它具体包括：童年期性虐待、身体虐待、情感忽视、家长对心理的控制或不考虑孩子需要的过度卷入。

几乎所有关于童年期虐待与自伤之间关系的实证研究都表明，这二者之间存在相关。其中研究者关注最多的是童年期虐待，包括性虐待、身体虐待和情绪虐待。早期的研究几乎一致认为，童年期性虐待与自伤关系非常密切，然而2008年的一项元分析却表明，性虐待对自伤行为的解释量不超过5%，而这一数值还有可能因发表偏差而被高估。① 关于童年期身体虐待和情绪虐待与自伤的密切关系也得到了研究的支持，有研究表明，相比性虐待，童年期身体虐待可能与自伤的相关更强②；不过也有研究表明，身体虐待与自伤的发生率的相关不显著，而情绪虐待与自伤相关显著。③

总之，自伤者基本上都是在无效的环境中长大，他们在这样的环境中不太可能习得恰当的个人管理能力或是人际能力，而是学会了对自己进行虐待，或是发展出对外界的不信任。随着年龄增加，当他们所面对的外界环境更复杂时，他们就更加难以应付，从而只有用自伤等方式来处理自己或是外界的问题。

（二）同伴关系

在个体成长的过程中，除了抚养者会对个体产生重要影响外，

---

① Klonsky, E. D., & Moyer, A., "Childhood Sexual Abuse and Non-Suicidal Self-Injury: Meta-Analysis", *The British Journal of Psychiatry*, Vol. 192, No. 3, 2008, pp. 166 – 170.

② Paris, J., Zweig-Frank, H., & Guzder, J., "Psychological Risk Factors for Borderline Personality Disorder in Female Patients", *Comprehensive Psychiatry*, Vol. 35, No. 4, 1994, pp. 301 – 305.

③ Glassman, L. H., Weierich, M. R., Hooley, J. M., Deliberto, T. L., & Nock, M. K., "Child Maltreatment, Non-Suicidal Self-Injury, and the Mediating Role of Self-Criticism", *Behaviour Research and Therapy*, Vol. 45, No. 3, 2007, pp. 2483 – 2490.

同伴关系也会对其发展产生不容忽视的作用。

研究发现，许多自伤者身边都至少有一个自伤的同伴，而且朋友的行为能在社交情境中成功诱发他们特定的社会行为——类似于自杀的传染效应。[①] 65%的自伤者报告他们与朋友谈论自伤，58.8%报告之前有一个朋友自伤，17.4%当着朋友的面自伤；当自杀或NS-SI想法出现后，有1.7%—3.8%次是由于受了他人的鼓励，从而采取该行为。[②] 由此可知，自伤者产生自伤行为可能是受了同伴的影响，这种影响可能通过两种方式产生作用：一种是模仿学习，当一名青少年自伤时，身边的朋友可能由于需要被接纳入小团体而模仿该行为；另一种是作为一种冒险行为来逞强、炫耀，以此提高在同伴团体中的社会地位。[③] 不过研究也显示，自伤者的同伴关系并不太令人满意，例如，有研究表明，受同伴欺负能预测自伤。[④]

因此，自伤者身边往往会有一些自伤的同伴，他们会谈论自伤，甚至可能在同伴的鼓励下实施自伤行为。虽然他们会采用自伤等方式来获得同伴的认可，但他们的同伴关系可能并不令人满意。

（三）网络环境

近年来，网络上开始涌现出大量与自伤相关的内容。2010年，国际自伤研究协会（International Society for the Study of Self-Injury，ISSS）提出需要关注网络中与自伤有关的信息，研究者们也逐渐关

① Heath, N. L., Ross, S., Toste, J. R., Charlebois, A., & Nedecheva, T., "Retrospective Analysis of Social Factors and Nonsuicidal Self-Injury Among Young Adults", *Canadian Journal of Behavioural Science*, Vol. 41, No. 3, 2009, pp. 180 – 186.

② Nock, M. K., Prinstein, M. J., & Sterba, S. K., "Revealing the Form and Function of Self-Injurious Thoughts and Behaviors: A Real-Time Ecological Assessment Study Among Adolescents and Young Adults", *Journal of Abnormal Psychology*, Vol. 118, No. 4, 2009, pp. 816 – 827.

③ 于丽霞：《一样自伤两样人：自伤青少年的分类研究》，博士学位论文，华中师范大学，2013年。

④ Jutengren, G., Kerr, M., & Stattin, H., "Adolescents' Deliberate Self-Harm, Interpersonal Stress, and the Moderating Effects of Self-Regulation: A Two-Wave Longitudinal Analysis", *Journal of School Psychology*, Vol. 49, No. 2, 2011, pp. 249 – 264.

注到这些信息对个体的影响。

自伤行为的网络展示是指某些有自伤行为的个体会在网络上展示自己与自伤有关的信息，研究显示，进行自伤网络展示的多为女性①，她们的年龄集中在 12—20 岁。② 这些青少年主要通过文字、图片和视频来展示其自伤经历、应对方式、对自伤的看法及感受等；他们进行这些活动的平台主要是个人网站、留言板（如国内各大论坛）、社交网站（如：国外的 Facebook，国内的新浪微博）、网络视频网站（如：国外的 YouTube，国内的优酷视频）等。③ 通过内容分析发现，自伤网络展示的内容主要包括：自伤行为的展示（如：新的伤口、自伤工具、流血的场面）、对伤口的处理（如：自伤前清洁刀片、自伤后对伤口的处理）、伤疤的隐藏方法（如：穿长袖衣服，伤害那些易于隐藏的身体部位）等；此外还包括对自伤触发事件的描述、对自伤上瘾的感受、专业求助经验等内容。④

这些展示和分享会使得自伤者的自伤行为减少。研究显示，55.8%的自伤者报告在访问自伤网络社区后，自伤行为减少；虽然这些人中有 1/4 的人在浏览这些网站之初自伤行为增多，但最终仍然是下降了。⑤ 此外，还有自伤者报告，他们认为与自伤有关的分享和展示作用是积极的，而且在成为自伤讨论组的组员后，他们自伤

---

① Lewis, S. P., & Baker, T. G., "The Possible Risks of Self-Injury Web Sites: A Content Analysis", *Archives of Suicide Research*, Vol. 15, No. 4, 2011, pp. 390 – 396.

② Whitlock, J. L., Powers, J. L., & Eckenrode, J., "The Virtual Cutting Edge: The Internet and Adolescent Self-Injury", *Developmental Psychology*, Vol. 42, No. 3, 2006, pp. 407 – 417.

③ Lewis, S. P., Heath, N. L., Michal, N. J., & Duggan, J. M., "Non-Suicidal Self-Injury, Youth, and the Internet: What Mental Health Professionals Need to Know", *Child and Adolescent Psychiatry and Mental Health*, Vol. 6, No. 1, 2012, p. 13.

④ Lewis, S. P., & Baker, T. G., "The Possible Risks of Self-Injury Web Sites: A Content Analysis", *Archives of Suicide Research*, Vol. 15, No. 4, 2011, pp. 390 – 396.

⑤ Johnson, G. M., Zastawny, S., & Kulpa, A., "E-message Boards for Those who Self-Injure: Implications for E-Health", *International Journal of Mental Health and Addiction*, Vol. 8, No. 4, 2010, pp. 566 – 569.

的频率和严重程度均下降。[①]　然而，也有许多研究者认为，网络中对自伤行为过程的展示可能诱发观看者的自伤，有研究显示，某些个体报告在观看自伤影像或是阅读关于自伤的描述后，会体验到自伤的冲动；而且在过去一年中浏览自伤/自杀类网站的个体，在过去一个月中出现自伤冲动的次数是未浏览这些网站者的 11 倍。[②]

　　总之，当前的网络环境对个体自伤的影响不容忽视。对自伤者来说，对自伤行为进行网络展示不仅可以满足自身的需要，还能给同样自伤的人们提供相应的理解支持；但同时，这也可能让他们更认同自己的自伤，从而加重自伤行为并放弃向外界求助。对于非自伤个体来说，接触到这类信息一方面让他们更加了解自伤者，但另一方面，也可能会诱导他们发展出自伤行为。

# 第三节　自伤的发生过程

## 一　诱发事件

　　自伤者一般都不会无故自伤，他们一般都是在某些特定的情境下产生自伤行为，那么个体在哪些情境下最容易自伤？

　　有研究表明，自伤者在自伤的前一年内，会经历更多不愉快、压力性的事件，这些事件往往包含大量的人际压力（如："和家人争吵次数增加""与稳定的男/女友分手"等）[③]，所以在自伤者的

---

① Murray, C. D., & Fox, J., "Do Internet Self-Harm Discussion Groups Alleviate or Exacerbate Self-Harming Behaviour", *Advances in Mental Health*, Vol. 5, No. 3, 2006, pp. 225 – 233.

② Mitchell, K. J., Wells, M., Priebe, G., & Ybarra, M. L., "Exposure to Websites that Encourage Self-Harm and Suicide: Prevalence Rates and Association with Actual Thoughts of Self-Harm and Thoughts of Suicide in the United States", *Journal of Adolescence*, Vol. 37, No. 8, 2014, pp. 1335 – 1344.

③ Hilt, L. M., Cha, C. B., & Nolen-Hoeksema, S., "Nonsuicidal Self-Injury in Young Adolescent Girls: Moderators of the Distress-Function Relationship", *Journal of Consulting and Clinical Psychology*, Vol. 76, No. 1, 2008, pp. 63 – 71.

日常生活中，他们体验到大量的人际压力。Nock 提出，个体经历某些高/低唤起的压力刺激事件或是人际压力事件后，会产生不好的体验，从而使得个体需要采用自伤来对个人或社会情境进行管理。① 当自伤者体验到自伤想法的时候，他们大多数时候是独自一人或是与同伴或朋友在一起的，但是很少是和家人或陌生人在一起。②

总之在压力性的情境下，尤其是当面对人际压力事件时，个体可能更容易产生自伤想法；而如果他们此时是独自一人的，则其自伤的可能性更大。

### 二 情绪状态

当面对同样的压力情境时，并不是所有的人都会自伤，这可能是因为自伤者和非自伤者面对相同刺激产生了不同的主观感受。关于自伤者在自伤前的主观状态，研究者不仅提出了理论上的假设，也进行了实证检验。

体验回避模型认为自伤的功能主要在于回避或逃脱个体不想要的内在体验或想法，体验回避的范畴很广，包括个体悲伤的想法、情感、躯体上的感觉以及其他内在的体验。③ Nock 等人采用生态即时评估方法对实时自然发生的自伤行为进行测量，结果显示，在自伤想法出现之前，最常出现的是：担心、不好的回忆或感受到压力；

---

① Nock, M. K., "Why Do People Hurt Themselves? New Insights into the Nature and Functions of Self-Injury", *Current Directions in Psychological Science*, Vol. 18, No. 2, 2009, pp. 78 - 83.

② Nock, M. K., Prinstein, M. J., & Sterba, S. K., "Revealing the Form and Function of Self-Injurious Thoughts and Behaviors: A Real-Time Ecological Assessment Study Among Adolescents and Young Adults", *Journal of Abnormal Psychology*, Vol. 118, No. 4, 2009, pp. 816 - 827.

③ Chapman, A. L., Gratz, K. L., & Brown, M. Z., "Solving the Puzzle of Deliberate Self-Harm: The Experiential Avoidance Model", *Behaviour Research and Therapy*, Vol. 44, No. 3, 2006, pp. 371 - 394.

进一步分析显示，自伤想法在许多消极情绪状态下会出现，如个体若感到被拒绝、对自己的愤怒、自我憎恨、麻木、对他人的愤怒时，采取自伤的可能性显著增加。而且青少年不仅试图用自伤来逃避讨厌的情绪状态，如焦虑、悲伤和愤怒，也会用它来逃避不良的认知状态，例如一个不好的想法或坏的记忆。① Klonsky 对自伤前的情绪状态进行了细分，他基于两个维度（效价：积极/消极；唤醒度：高/低）将情绪状态划分为四组：消极—高唤起（如：不知所措、沮丧）；消极—低唤起（如：悲伤、内心空虚）；积极—高唤起（如：激动、欣快）；积极—低唤起（如：轻松、放松）。② 研究结果显示，自伤可能最主要是由减轻高唤起消极情绪状态的渴望所引发的，如沮丧、受不了和焦虑，而不是低唤起的消极情绪状态，如悲伤、孤独、内心感到空虚。

由此可知，自伤者在自伤前应该是体验到了强烈的负性情绪或负性想法，他们难以忍受这些让他们极其痛苦的感受，以至于急于采用自伤从这些状态中逃脱出来。

## 三　自伤动机

关于自伤动机的研究相对较少。有研究者曾总结了自伤行为的五种动机，分别为：（1）自伤是一种习得的操作性行为，由社会正强化维持（正强化假说）；（2）自伤是一种习得的操作性行为，由厌恶刺激的终止所维持（负强化假说）；（3）自伤是一种提供感官刺激的方式（自我刺激假说）；（4）自伤是异常生理过程的产物

① Nock, M. K., Prinstein, M. J., & Sterba, S. K., "Revealing the Form and Function of Self-Injurious Thoughts and Behaviors: A Real-Time Ecological Assessment Study Among Adolescents and Young Adults", *Journal of Abnormal Psychology*, Vol. 118, No. 4, 2009, pp. 816 – 827.

② Klonsky, E. D., "The Functions of Self-Injury in Young Adults who Cut Themselves: Clarifying the Evidence for Affect-Regulation", *Psychiatry Research*, Vol. 166, No. 2, 2009, pp. 260 – 268.

（机体假说）；（5）自伤行为是一种建立自我界限或降低愧疚感的尝试（心理动力假说）。①

Osuch 等人编制了《自伤动机量表》（Self-Injury Motivation Scale，SIMS），该量表为包含 35 个条目的自陈量表。对 99 名成年精神科住院病人施测，因素分析的结果显示有六种动机：（1）调整情绪（如："降低暴怒的感受"）；（2）实施自我惩罚（如："提醒自己我应该被伤害或惩罚"）；（3）影响他人（如："向他人寻求支持或关注"）；（4）自我刺激（如"体验一种像嗑药的快感"）；（5）孤寂，特指调节空虚或隔离等感受；（6）"有魔力的控制"（Magical Control），指通过自伤控制、保护或伤害他人。2008 年，Swannell 等人对该量表进行修订，将其删减为 20 个条目，并在 38 名精神科住院青少年中进行施测，因素分析结果显示有四种动机：（1）情绪调节；（2）与他人交流/影响他人；（3）惩罚/刺激；（4）精神异常/缺乏自知力。②

此外，还有一种测量自伤动机的工具：《自伤原因问卷》（Self-Harm Reasons Questionnaire，SHRQ），探索性因素分析显示有五个因素能解释80％的变异；最终该问卷包含六个子问卷：（1）压力管理；（2）管理负性情绪；（3）创伤管理；（4）人际交流；（5）自我憎恨；（6）远端目标分量表（如："我想再次获得控制感"）。③

总的来说，自伤的动机主要包括对自身进行调节和处理人际问题，从表 2 - 1 可以看出不同研究者提出的自伤动机的异同：

---

① Carr, E. G., "The Motivation of Self-Injurious Behavior: A Review of Some Hypotheses", *Psychological Bulletin*, Vol. 84, No. 4, 1977, p. 800.

② Osuch, E. A., Noll, J. G., & Putnam, F. W., "The Motivations for Self-Injury in Psychiatric Inpatients", *Psychiatry*, Vol. 62, No. 4, 1999, pp. 334 – 346.

③ Lewis, S. P., & Santor, D. A., "Development and Validation of the Self-Harm Reasons Questionnaire", *Suicide and Life-Threatening Behavior*, Vol. 38, No. 1, 2008, pp. 104 – 115.

表 2 - 1 　　　　　　　　　　**不同自伤动机分类的比较**

| Carr 的理论假说 | SIMS | SIMS-A | SHRQ |
|---|---|---|---|
| 正强化假说 | 影响他人 | 与他人交流或影响他人 | 人际交流 |
| | 控制他人 | | |
| 负强化假说 | 情绪调节 | 情绪调节 | 压力管理 |
| | | | 管理负性情绪 |
| | 调节空虚或隔离等感受 | | 创伤管理 |
| 自我刺激假说 | 自我刺激 | | |
| 机体假说 | | 精神异常<br>缺乏自知力 | |
| 心理动力假说 | 实施自我惩罚 | 惩罚/刺激 | 自我憎恨 |
| | | | 远端目标分量表 |

### 四　自伤中的感受：疼痛

研究显示，自伤者一般会采用多种自伤方式来伤害自己，其中最常用的自伤方式为割伤，此外被提及较多的还有抓伤、打和烧伤。[1] 根据有关网络上的图片资料，可以看到有些自伤者会在自己的前臂或大腿等处平行划许多条伤口，造成严重失血。

自伤者在自伤过程中最直接的感受就是疼痛。[2] 对于普通人群来说，最不能理解自伤者的地方可能就在于，自伤者似乎不害怕自伤带来的疼痛。有研究者认为，有精神上痛苦的人之所以会伤害自己的身体，是因为这样他们就不用感受到精神上的痛苦。例如，当被过度焦虑所折磨时，用刀片划伤自己的皮肤能带来一种释放感，这

---

① Gratz, K. L., Rosenthal, M. Z., Tull, M. T., Lejuez, C. W., & Gunderson, J. G., "An Experimental Investigation of Emotion Dysregulation in Borderline Personality Disorder", *Journal of Abnormal Psychology*, Vol. 115, No. 4, 2006, pp. 850 – 855.

② Klonsky, E. D., "The Functions of Self-Injury in Young Adults Who Cut Themselves: Clarifying the Evidence for Affect-Regulation", *Psychiatry Research*, Vol. 166, No. 2, 2009, pp. 260 – 268.

种感受与他们想要的感觉非常接近①；此外，情绪级联理论认为，疼痛（或血液）使得自伤者从强烈的负性感受中分心，从而使他们从强烈的负性情绪中逃脱出来。②

不过值得注意的是，自伤者报告在自伤中只有很少或没有疼痛，并且在实验室关于痛觉耐受性的实验中表现出痛觉缺失。研究表明，大多数青少年报告在每次自伤时体验到很少的或没有疼痛③；通过对被试的手指施压来测量个体的痛阈和痛觉忍受性，结果发现，相比非自伤者，自伤者的痛阈更高，对疼痛的忍受性更强，而且自伤史越长痛阈越高，但并没有表现出更强的痛觉忍受性。④ 对于自伤者在自伤中感受不到疼痛这一现象，有人认为可能是个体在自伤时体内释放了内源性内啡肽，而这种释放能够阻断对疼痛的体验。⑤

由此可知，自伤者需要疼痛来让他们感受到自己的存在或是帮他们从负性感受中逃脱。随着自伤次数越来越多，他们对疼痛的感受性可能会越来越低，所以他们需要将自己伤害得更严重以获得同样的痛感。

## 五 自伤的功能

研究表明，自伤最常见的两个结果是身体上的："我体会到身体

---

① Farber, S. K., "Autistic and Dissociative Features in Eating Disorders and Self-Mutilation", *Modern Psychoanalysis*, Vol. 33, No. 1, 2008, p. 23.

② Selby, E. A., Connell, L. D., & Joiner Jr, T. E., "The Pernicious Blend of Rumination and Fearlessness in Non-Suicidal Self-Injury", *Cognitive Therapy and Research*, Vol. 34, No. 5, 2010, pp. 421 – 428.

③ Nock, M. K., & Prinstein, M. J., "Contextual Features and Behavioral Functions of Self-Mutilation Among Adolescents", *Journal of Abnormal Psychology*, Vol. 114, No. 1, 2005, pp. 140 – 146.

④ Hooley, J. M., Ho, D. T., Slater, J., & Lockshin, A., "Pain Perception and Nonsuicidal Self-Injury: A Laboratory Investigation", *Personality Disorder*, Vol. 1, No. 3, 2010, pp. 170 – 179.

⑤ Haines, J., Williams, C. L., Brain, K. L., & Wilson, G. V., "The Psychophysiology of Self-Mutilation", *Journal of Abnormal Psychology*, Vol. 104, No. 3, 1995, pp. 471 – 489.

的疼痛"和"我的皮肤留下痕迹",自伤后经常体验到的感受包括"我感到对自己的控制感更强"和"我平静下来"。因此,个体之所以会反复自伤,是因为他们通过自伤获得其想要的生理或心理满足。[1]

基于此,许多研究者从功能取向出发对自伤行为进行了探讨。所谓功能取向是指根据产生和维持行为的功能过程(先行因素和背景的影响)对行为进行分类和治疗。[2] 功能取向假设,行为是由它们即时的先行因素和后果决定的[3],不同功能的自伤可能发展过程各有不同,因此所适合的干预方法可能存在不同。目前在该领域内为大家所公认的对自伤功能的划分主要包括两种:

(一) Nock 的观点:自伤的四种功能

"二维四功能"模型认为,自伤具有个体正强化、个体负强化、人际正强化和人际负强化四种功能;例如,为寻求刺激而进行的是个体正强化功能的自伤,为缓解负性情绪而进行的是个体负强化功能的自伤,为获得关注而进行的是人际正强化功能的自伤,为逃避责任而进行的是人际负强化功能的自伤。[4](见图 2-1)

其中,研究者们最为关注的是个体负强化功能。研究表明,在自伤后,高唤起的消极情绪(如:沮丧和焦虑)降低,低唤起的积极情绪(如:平静和放松)提高;而低唤起的消极情绪(如:悲

① Klonsky, E. D., "The Functions of Self-Injury in Young Adults Who Cut Themselves: Clarifying the Evidence for Affect-Regulation", *Psychiatry Research*, Vol. 166, No. 2, 2009, pp. 260–268.

② Nock, M. K., & Prinstein, M. J., "A Functional Approach to the Assessment of Self-Mutilative Behavior", *Journal of Consulting and Clinical Psychology*, Vol. 72, No. 5, 2004, pp. 885–890.

③ Nock, M. K., "Why do People Hurt Themselves? New Insights into the Nature and Functions of Self-Injury", *Current Directions in Psychological Science*, Vol. 18, No. 2, 2009, pp. 78–83.

④ Nock, M. K., & Prinstein, M. J., "A Functional Approach to the Assessment of Self-Mutilative Behavior", *Journal of Consulting and Clinical Psychology*, Vol. 72, No. 5, 2004, pp. 885–890.

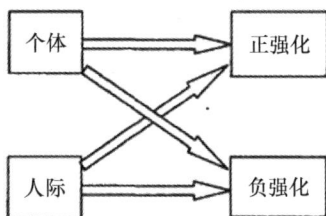

图 2 - 1　二维四功能模型

伤和孤独）和高唤起的积极情绪（如：激动）较少变化。[1] 因此，研究者认为，自伤主要是帮助个体从高强度的负性情绪中逃脱出来。

这种功能划分基本涵盖了所有自伤类型，研究者认为，不同功能的自伤之间存在不同：每一种功能都有其各自对应的先导因素。例如，他们推断个人负强化功能与高情感反应相关，个人负强化功能与低活动性及分裂有关，社会功能则与社会交往方面的问题以及缺乏沟通技巧等相关。[2] 实证研究的结果支持了这一推论，有研究探讨了多种临床变量与自伤的四种功能之间的关系，结果表明，与四种功能相关的变量各有不同，与自伤的社会功能相关的变量有：自伤前考虑的时间、社会指向的完美主义、抑郁症状；与社会正强化功能相关的变量有：朋友的自伤次数；与自伤的个人负强化功能相关的变量有：近期的自杀企图、绝望；与自伤的个人正强化功能相关的变量有：抑郁和创伤后应激症状。[3] 此外，相比女性，男性更多

---

① Klonsky, E. D., "The Functions of Self-Injury in Young Adults who Cut Themselves: Clarifying the Evidence for Affect-Regulation", *Psychiatry Research*, Vol. 166, No. 2, 2009, pp. 260 – 268.

② 郑莺：《武汉市中学生自我伤害行为流行学调查及其功能模型》，硕士学位论文，华中师范大学，2006 年。

③ Nock, M. K., & Prinstein, M. J., "Contextual Features and Behavioral Functions of Self-Mutilation among Adolescents", *Journal of Abnormal Psychology*, Vol. 114, No. 1, 2005, pp. 140 – 146.

采用自伤以获得他人关注（社会功能）①；而且自伤时的社会背景
（单独一人或周围有其他人）不同，自伤的功能也可能存在差异。研
究表明，选择个人功能的自伤者更倾向于只在单独一人的时候
自伤。②

（二）Klonsky 的划分（七大功能）

Klonsky 综合前人关于自伤功能的研究，总结出自伤具有七种功
能：情绪调节、对抗分离感、对抗自杀、人际影响、恢复自己与他
人界线、自我惩罚和感觉寻求。③

其中，自伤的情绪调节功能是指，自伤是一种减轻强烈负性情
绪或情绪唤起的策略。Linehan 认为，早期的无效环境可能会使得个
体形成不良的应对情绪困扰的策略；来自这些环境和/或具有不稳定
情绪生物倾向性的个体不太能管理他们的情绪，因此倾向于将自伤
作为一种适应不良的情绪调节策略。④

对抗分离功能是指，分离或人格解体阶段也可能是由于自伤者
感受到的强烈情绪所引起。当所爱的人离开时，自伤个体会体验到
更长的分离状态；对个体的身体伤害可能会冲击到该系统——可能
是因为看到了血液或是由于躯体感受——因此能使分离的阶段中断，
从而导致个体自我意识的恢复。⑤ 还有另一种说法叫"感觉产生"，
即分离的个体可能会描述感觉到不真实或什么都感受不到，自伤可

① Klonsky, E. D., & Glenn, C. R., "Assessing the Functions of Non-Suicidal Self-Injury: Psychometric Properties of the Inventory of Statements about Self-injury (ISAS)", *Journal of Psychopathology and Behavioral Assessment*, Vol. 31, No. 3, 2008, pp. 215–219.

② Glenn, C. R., & Klonsky, E. D., "Social Context during Non-Suicidal Self-Injury Indicates Suicide Risk", *Personality and Individual Differences*, Vol. 46, No. 1, 2009, pp. 25–29.

③ Klonsky, E. D., "The Functions of Deliberate Self-Injury: A Review of the Evidence", *Clinical Psychology Review*, Vol. 27, No. 2, 2007, pp. 226–239.

④ Linehan, M., *Cognitive-Behavioral Treatment of Borderline Personality Disorder*, New York: Guilford Press, 1993, p. 125.

⑤ Simpson, M. A., "The Phenomenology of Self-Mutilation in a General Hospital Setting", *Canadian Psychiatric Association Journal*, Vol. 20, No. 6, 1975, pp. 429–434.

能是产生能让个体再次感觉到真实或存在的情绪或躯体感觉的一种方式。

对抗自杀功能是指自伤是个体抵抗自杀冲动的一种应对机制。根据这一观点，自伤可以被认为是个体表达自杀想法的一种方式，通过这种方式，个体既能满足其自杀的欲望，还不用冒着死亡的危险。曾有研究者描述过一位病例，其表明在长期不自伤后，感觉到自身有自杀倾向，而自伤则阻止了其自杀意念的产生。[1]

人际影响功能是指，自伤是个体影响其环境或操纵其他人的一种方式。[2] 它被描述为个体对外界的呼救，是个体避免被抛弃、希望被认真对待的一种手段，例如，个体可能通过自伤去引起其重要他人或爱人的关注，或是引发同伴等人的强化行为。这一类自伤者往往没有意识到，他人对其自伤行为的反应，强化了他们的自伤行为。

人际界限功能则认为，自伤是个体确认其自我界限的一种方式。客体关系理论家认为，自伤者由于缺乏对母亲的依恋，导致无法从母亲那里独立出来，从而缺乏正常的自我意识。[3] 皮肤是人们与外界最天然的界限，而自伤者通过划破自己的皮肤，来确认自己与他人之间的界限，从而表明自己的身份或自主权。

自我惩罚功能认为，自伤是个体表达对自己愤怒或贬低自己的一种方式。自伤者从自己所处的环境中，学会了惩罚或否定自己。大量研究显示，指向自我的愤怒和自我贬低是自伤者的显著特征。因此，自伤有可能是这些人在面对痛苦、压力的时候进行自我安慰的一种方式。

---

① Himber, J., "Blood Rituals: Self-Cutting in Female Psychiatric Inpatients", *Psychotherapy: Theory, Research, Practice Training*, Vol. 31, No. 4, 1994, pp. 620 – 631.

② Chowanec, G. D., Josephson, A. M., Coleman, C., & Davis, H., "Self-Harming Behavior in Incarcerated Male Delinquent Adolescents", *Journal of the American Academy of Child & Adolescent Psychiatry*, Vol. 30, No. 2, 1991, pp. 202 – 207.

③ Friedman, M., Glasser, M., Laufer, E., Laufer, M., & Wohl, M., "Attempted Suicide and Self-Mutilation in Adolescence: Some Observations from a Psychoanalytic Research Project", *International Journal of Psycho Analysis*, Vol. 53, No. 2, 1972, p. 179.

　　刺激寻求功能是指个体将自伤视为一种类似于蹦极、高空跳伞等活动的产生刺激或兴奋的方式。可能是因为在临床人群中表现不明显，所以这类功能在理论文献中出现得较少，但在实证文献中被反复验证。①

　　之后，Klonsky，E. D. 在前人研究的基础上编制出自伤的功能量表②，其中包括13种自伤功能。因素分析结果显示，这些功能可以分为两大类：人际功能和个人功能。

　　尽管 Klonsky，E. D. 将自伤划分为了两类，但在实际研究中，研究者们更多是关注他提出的更为细化的自伤功能。自伤最主要的功能是调节情绪，有三种类型的证据支持自伤的这一功能：①大多数自伤者报告他们自伤是为了降低负性情绪；②自我报告和实验研究表明，负性情绪能诱发自伤，而在自伤后，情绪能得到改善；③实验室中采用的自伤的替代行为能导致负性情绪的缓解。③ 自伤的自我惩罚功能也受到很多关注，前人研究表明，评价相关的完美主义与自伤的自我惩罚功能正相关；这是因为在 ECP 上得分高的人具有自我批评的倾向，这些人可能最终会发展出一种深层次的自卑感，甚至是自我憎恨，这种弥散性的负性自我评价可能会促使个体采用自伤作为自我惩罚的一种方式。④ 这与另一项研究结果一致，即自我批评和自伤的自我惩罚功能之间存在正相关，研究者认为这是因为

　　① Nixon, M. K., Cloutier, P. F., & Aggarwal, S., "Affect Regulation and Addictive Aspects of Repetitive Self-Injury in Hospitalized Adolescents", *Journal of the American Academy of Child & Adolescent Psychiatry*, Vol. 41, No. 11, 2002, pp. 1333 – 1341.

　　② Glenn, C. R., & Klonsky, E. D., "One-Year Test-Retest Reliability of the Inventory of Statements about Self-Injury (ISAS)", *Assessment*, Vol. 18, No. 3, 2011, pp. 375 – 378.

　　③ Klonsky, E. D., "The Functions of Deliberate Self-Injury: A Review of the Evidence", *Clinical Psychology Review*, Vol. 27, No. 2, 2007, pp. 226 – 239.

　　④ Claes, L., Jimenez-Murcia, S., Aguera, Z., Castro, R., Sanchez, I., Menchon, J. M., & Fernandez-Aranda, F., "Male Eating Disorder Patients with and without Non-Suicidal Self-Injury: A Comparison of Psychopathological and Personality Features", *European Eating Disorders Review*, Vol. 20, No. 4, 2012, pp. 335 – 338.

高自我批评的个体往往都有被批评的历史，这使得这些人学会了将自伤作为一种自我惩罚的方式。[①]

有研究者探讨了各种不同功能自伤可能的影响因素，结果表明，个体对自伤方式的选择可能对应着不同功能的自伤：烧伤、割伤和严重抓伤自己最主要的原因是"避免或压抑消极情感"，其次是"自我惩罚"；而对于"打自己"，情况是反过来的，这一行为最主要的原因是"自我惩罚"，然后是"情绪调节"。不过，自伤的社会功能"获得他人关注"和"向他人表明自己有多强大"很少有人提到。[②]

# 第四节　自伤的理论模型

单一的影响因素或功能并不能很好地解释自伤的产生，所以有研究者在临床经验和已有研究结果的基础上提出了不同的理论模型，来更全面地揭示自伤的发生过程。后续不断有研究者对这些模型进行验证，从而加深了大家对自伤发生机制的了解。

## 一　自伤的发展心理病理学模型

Yates 认为，发展心理病理学为理解自伤提供了一个概念框架，即可以从发展的角度来理解从童年期虐待到自伤之间的发展路径。[③]

---

① Glassman, L. H., Weierich, M. R., Hooley, J. M., Deliberto, T. L., & Nock, M. K., "Child Maltreatment, Non-Suicidal Self-Injury, and the Mediating Role of Self-Criticism", *Behaviour Research and Therapy*, Vol. 45, No. 3, 2007, pp. 2483 – 2490.

② Claes, L., Klonsky, E. D., Muehlenkamp, J., Kuppens, P., & Vandereycken, W., "The Affect-Regulation Function of Nonsuicidal Self-Injury in Eating-Disordered Patients: Which Affect States are Regulated", *Comprehensive Psychiatry*, Vol. 51, No. 4, 2010, pp. 386 – 392.

③ Yates, T. M., "The Developmental Psychopathology of Self-Injurious Behavior: Compensatory Regulation in Posttraumatic Adaptation", *Clinical Psychology Review*, Vol. 24, No. 1, 2004, pp. 35 – 74.

她的模型可以用图 2 - 2 表述。

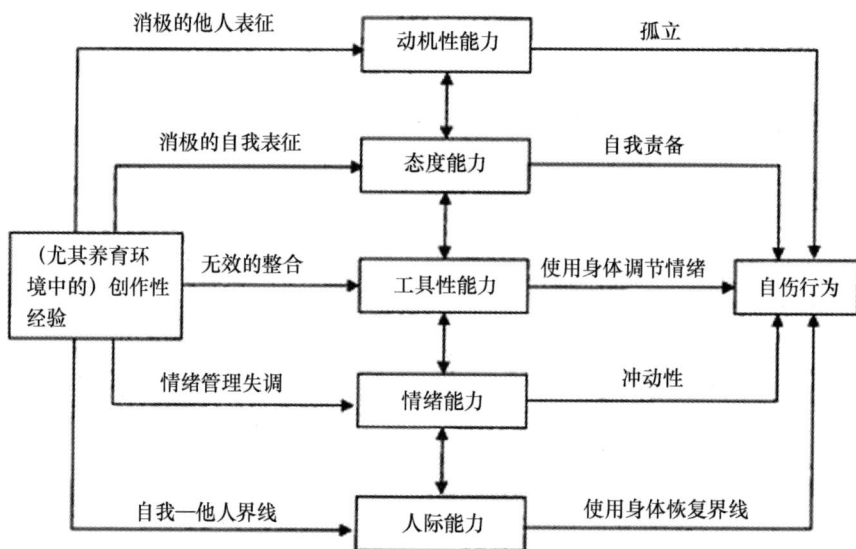

图 2 - 2　发展心理病理学模型

2009 年，她将该模型进一步简化，认为从童年期虐待到自伤，中间可能有三条路径：

（一）表征路径

表征路径认为，虐待引起或加剧了个体对自己、他人、自己和他人关系的消极表征，这些表征会导致个体发展出自伤行为。在早期的抚养关系中，儿童与抚养者之间的互动会使得儿童形成关于自我价值和自我效能，对他人的反应的期待，以及和他人的关系是安全还是危险的等核心信念。在虐待背景下，儿童或是将虐待的责任内化，从而产生"自我是坏的"的表征，或是将虐待的责任外化，从而产生"他人是不安全的""自己是不值得被照顾的"等表征。这些消极的表征过程会使得个体在知觉到被侵犯时转向自己的身体，以达到自我惩罚或自我安慰的目的。

（二）调节路径

早期的抚养环境对于儿童认知—情感的整合、符号化和反映能力的发展非常重要。在良好的抚养关系中，抚养者对儿童的情感表达进行敏感且包容的反应会使得儿童明白这些情绪并不会将人淹没，而是可分享、可感知、可忍受的。随着时间的推移，在这种环境下长大的孩子情感变得越来越分化、复杂、可符号化。而在虐待的环境下，个体变得越来越善于对情感进行防御性的加工，而难以发展出适应性的整合、符号化和反应能力，即无法使用符号特别是语言加工情绪。这就使得个体倾向于在躯体水平上进行符号化，即通过感觉、行为和躯体化来进行情绪调节，所以某些个体会通过自伤等方式解决情绪加工上的挑战。

（三）反应路径

除表征和调节过程外，抚养环境中的不良体验会改变个体的生理反应性，从而激活或改变可能导致自伤的生物学系统。研究表明，童年期虐待会使得调节长期压力反应的边缘—下丘脑—垂体—肾上腺（Limbic-Hypothalamic-Pituitary-Adrenal，L-HPA）通路，以及调节急性压力的去甲肾上腺素—交感—肾上腺—骨髓（Norepinephrine-Sympathetic-Adrenal-Meduallary，NE-SAM）系统发生显著改变。有研究表明，创伤导致的 L-HPA 或/和 NE-SAM 系统的改变可能会导致自伤的产生。此外，创伤可能会导致个体内源性阿片肽系统的改变，而此种改变通过减轻个体被孤立的感受、为自伤者提供生理上的强化以及诱发导致自伤的状态（如：分离）等方式导致个体自伤。总之，该路径直接通过生物学水平的改变，或是间接通过增加个体主观痛苦或唤起来导致个体自伤。

这一模型阐述了早期创伤经验导致自伤的发展路径，从该模型可以看出，某些因素与自伤的关系极为密切，如表征路径中个体对自己、他人、自己和他人关系的消极表征。不过值得注意的是，调节路径和反应路径中所提到的"用躯体进行符号化"等解释并不能说明个体为什么选择了自伤，因为个体选择其他的病理性行为可能可以起到同样的作用。

## 二 体验回避模型

Chapman 等人基于行为主义，提出了自伤的体验回避模型（Experiential Avoidance Model，EAM）。[①] 根据这一模型，自伤是这样产生的：一个引起个体情绪唤起的刺激事件触发了个体的厌恶情绪，个体为了尽快逃脱或缓解不愉快的情绪体验而实施自伤行为。这一行为能立即给个体带来满足，如缓解情绪，这种负强化加强了不愉快的情绪刺激和自伤行为之间的联系，进一步导致自伤行为成为一个自动化的回避反应（见图 2 - 3）。

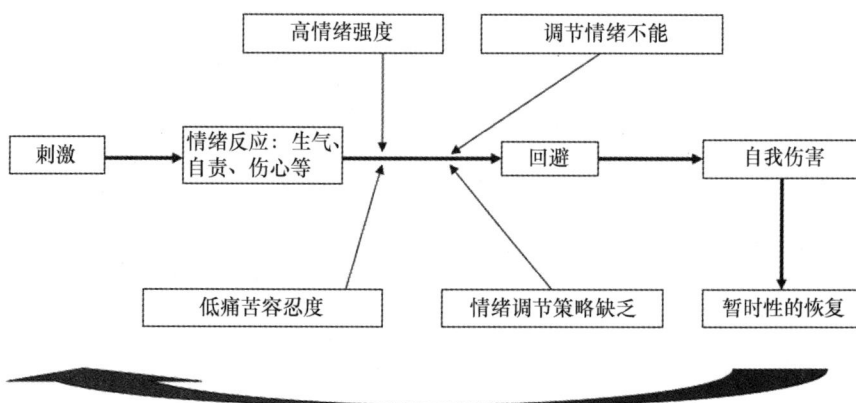

图 2 - 3 体验回避模型

该模型认为自伤的主要功能在于回避个体不想要的内在体验。这些不想要的体验所涵盖的范围很广泛，包括让个体感到痛苦的想法、感受、身体感觉和其他的内在体验。当个体产生这些不好的体验后，就倾向于产生回避反应，而自伤就是其中一种具体的回避

---

① Chapman A. L. , "Solving the Puzzle of Deliberate Self-Harm: The Experiential Avoidance Model", *Behaviour Research and Therapy*, Vol. 44, No. 3, 2006, pp. 371 - 394.

行为。

　　EAM 模型提出了自伤行为的几个重要影响因素：高情绪强度、低痛苦容忍度、情绪调节困难和情绪调节策略缺乏。该模型很好地描述了自伤发生的具体过程，并阐明自伤是通过有效的负强化来得以维持。

### 三　整合模型

　　Nock 整合了前人的研究结果，提出了自伤的整合模型。该模型认为，自伤既是一种调节个人情绪/认知体验的方式，也是一种与他人交流或影响他人的方式；远端影响因素（如：童年期虐待）会使得个体产生情绪调节和人际交往方面的问题，从而导致自伤危险性的增加，一些更为特殊的因素能解释为什么一些人会专门使用自伤来达到情绪调节等功能[1]（见图 2-4）。

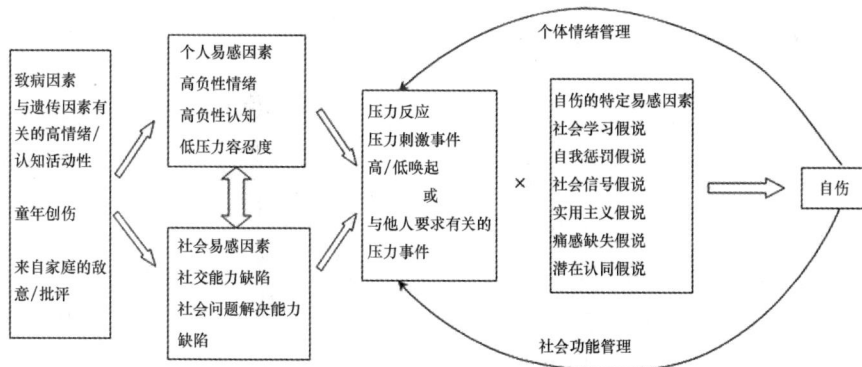

图 2-4　整合模型

　　该模型认为，自伤的危险性是在一般因素和特殊因素的共同作用下提高的。早期的致病因素会使得个体发展出个人或人际易感性，

---

[1]　Nock, M. K., "Why do People Hurt Themselves? New Insights into the Nature and Functions of Self-Injury", *Current Directions in Psychological Science*, Vol. 18, No. 2, 2009, pp. 78-83.

这就使得这些人倾向于都对有挑战的或压力事件表现出情感或社会功能失调，造成他们需要采用自伤或其他极端行为来调节他们的情绪。Nock 将这些个人和社会易感因素统称为"一般易感因素"，即这些易感因素并非是专门针对自伤的，而是能增加许多精神疾病的患病风险。而个体之所以会选择自伤而不是其他病态行为来调节他们的情感和社会体验，则是因为一些特殊因素。

关于这些"自伤的特定易感因素"，该模型提出了六种假说：

（1）社会学习假说。这一假说认为个体自伤是因为其观察到他人使用了该行为，与该假说一致，大部分自伤者报告最早是从朋友、家人和媒体上习得该行为；而且在过去十年中，在电影、歌曲、媒体和网络中提到自伤的次数显著增加。①

（2）自我惩罚假说。认为自我惩罚可能会激发自伤，因为自伤者可能从他人反复的虐待或批评中习得了自我指向的虐待。这一假说可以进一步解释为什么童年期虐待和自伤有关，许多自伤者认为自我惩罚是他们自伤的主要动力。②

（3）社会信号假说。该假说认为，当低强度的策略（如：谈话、叫喊）失效，或是这些策略无法产生预期的效果后，个体可能会升级其表达强度，即采用自伤作为一种交流方式。③

（4）实用主义假说。关于个体为什么自伤，可能最简单的解释就是：它在能提供所需要功能的行为中，是最快的和最方便的方法。自伤在几乎任何情况下都能快速实施，而且不需要其他能

①　Whitlock, J. L., Purington, A., & Gershkovich, M., *Media, the Internet, and Nonsuicidal Self-Injury*, Washington, DC: American Psychological Association, 2009, pp. 139 – 155.

②　Nock, M. K., & Prinstein, M. J., "A Functional Approach to the Assessment of Self-Mutilative Behavior", *Journal of Consulting and Clinical Psychology*, Vol. 72, No. 5, 2004, pp. 885 – 890.

③　Wedig, M. M., & Nock, M. K., "Parental Expressed Emotion and Adolescent Self-Injury", *Journal of American Academy of Child and Adolescent Psychiatry*, Vol. 46, No. 9, 2007, pp. 1171 – 1178.

提供相同功能的行为（如：酒精和药物使用）所需要的时间和材料，就使得自伤对于那些对调节自身情绪和行为缺乏执行控制能力，或是没有现成的酒精或药物的青少年和年轻人来说是非常有吸引力的。

（5）痛觉缺失假说。一般认为，疼痛会阻止一些人采用自伤，然而自伤者报告在自伤中只有很少的或没有疼痛，并且在实验室关于痛觉耐受性的试验中表现出痛觉缺失。然而还不清楚这种痛觉缺失是由于体内内啡肽水平的提高而导致的特质因素，还是由于反复自伤导致的内源性阿片肽释放的一种副产品。

（6）内隐认同假说。一旦采用自伤，有些人会认同自伤，将其看作是一种达到某种功能（如：个体负强化功能）的有效方式，这种认同可能会促进对这种行为的选择和维持，而不是其他行为。

该模型整合了多方面的因素，并考虑到自伤特有的影响因素，这为理解自伤行为的产生提供了更为全面的视角，但是由于其涉及的因素太多而且很多因素都难以进行操作化，所以为模型的验证带来了困难。

# 第五节　自伤的干预

研究者普遍认为，情绪失调是导致和维持自我伤害的最重要因素之一。因此，针对自伤行为的治疗方法，多明确地集中在情绪调节上。这些疗法多是基于这一前提：当个体的情绪失调减少之后，个体将不再需要采用不适应行为（如：自伤）来进行情绪调节。大量研究表明，可以通过降低情绪失调，来减少自伤行为。[①] 以下将介

---

① Gratz, K. L. , & Chapman, A. L. , "The Role of Emotional Responding and Childhood Maltreatment in the Development and Maintenance of Deliberate Self-Harm among Male Undergraduates", *Psychology of Men & Masculinity*, Vol. 8, No. 1, 2007, pp. 1 – 14.

绍两种以治疗情绪失调为核心的自伤干预方法。

## 一 辩证行为疗法

Linehan 基于情绪失调是 BPD 及其相关行为的基本机制这一理论，开发了辩证行为疗法（Dialectical Behavior Therapy, DBT）作为 BPD 的治疗方法。DBT 结合了传统的认知行为方法和源自禅宗等东方哲学的基于接受和正念的方法。[①]

辩证行为疗法包括四个治疗部分：每周小组技能培训、个人心理治疗、治疗师咨询/督导会议，以及来访者与个体治疗师之间的电话咨询。小组技能培训中教授四种特殊的技能：情绪调节、痛苦容忍、正念和人际交往能力。其中，不仅情绪调节模块中的技能可以针对情绪失调，一些痛苦容忍和正念技能也同样适用于增加个体的情绪调节能力。

尽管 DBT 特别是在治疗自伤以及 BPD 方面的功效已广为人知，但 DBT 是开发用于整体治疗 BPD 的多维治疗方法。因此，治疗中与情绪调节无关的其他方面也可能导致自伤行为的改善。由于针对 DBT 和/或与自伤减少相关的特定治疗成分的治疗机制的研究较少，因此尚不清楚究竟哪种技能可有效降低自伤。

## 二 基于接纳的情绪调节团体治疗

有研究采用团体治疗方法，针对 BPD 女性的情绪失调进行治疗，结果表明，该疗法有效减少了个体的自伤行为。[②] 这一团体治疗方案旨在通过直接针对自伤的功能、并教给自伤女性更多适应性情

---

① Lynch, T. R., Chapman, A. L., Rosenthal, M. Z., Kuo, J. R., & Linehan, M. M., "Mechanisms of Change in Dialectical Behavior Therapy: Theoretical and Empirical Observations", *Journal of Clinical Psychology*, Vol. 62, No. 4, 2006, pp. 459 – 480.

② Gratz, K. L., Rosenthal, M. Z., Tull, M. T., Lejuez, C. W., & Gunderson, J. G., "An Experimental Investigation of Emotion Dysregulation in Borderline Personality Disorder", *Journal of Abnormal Psychology*, Vol. 115, No. 4, 2006, pp. 850 – 855.

绪应对方法来治疗自伤。具体而言，开发这种情绪调节团体疗法是为了系统地提升情绪调节的各个方面：情绪意识、理解和接受；在经历负面情绪时控制行为的能力；使用非回避的情绪调节策略来调节情绪反应的强度和/或持续时间；以及在进行有意义的活动时体验负面情绪的意愿。这种治疗主要来自 DBT 和另一种基于接纳的行为疗法——接纳承诺疗法。①

该疗法共设计了 14 周的活动。小组模块主要是讲授式的，结合了心理教育和小组内练习。强调了技能的概括性和日常练习的重要性，并认为定期进行家庭作业至关重要。在整个小组治疗过程中，来访者需要完成关于其情绪每日监控表，以记录其产生自伤冲动前的情绪状态，以及其行为选择的后果。额外的日常监控形式针对特定的小组模块量身定制，包括识别情绪和这些情绪提供的信息，区分初级和次级情绪，识别愿意与不愿接纳情绪的后果，以及从事与有价值的方向一致的行动。

为了检查这种辅助性团体疗法的疗效，随机分配 BPD 和近期反复自伤的女性门诊患者接受此种治疗（团体治疗加常规治疗）。对照组继续只接受他们目前的常规治疗，持续 14 周。然后将这两组被试在情绪失调、情绪回避、自我伤害频率、BPD 症状严重程度以及抑郁、焦虑和压力症状的严重程度等指标上进行比较；结果表明，两组之间存在显著的组间差异（效应量较大）。具体来说，常规治疗组病情在各指标上均未显示出时间的显著变化，但团体疗法＋常规治疗组的病情在多个指标上均显示出显著改善，且效应量均较大。尽管单对照组实验结果尚不确定，但研究结果表明，这种基于接纳的情绪调节团体疗法可能会有效改善有自伤行为的 BPD 患者的情况。

---

① Hayes, S. C., Strosahl, K. D., & Wilson, K. G., "Acceptance and Commitment Therapy: An Experiential Approach to Behavior Change", *Encyclopedia of Psychotherapy*, Vol. 9, No. 1, 1999, pp. 1 - 8.

# 第六节　小结

根据以上的文献综述，目前获得较多认同的研究结论包括：

一、非自杀性自伤行为可以作为一种独立的临床诊断，与自杀和 BPD 等问题存在显著差异。

二、自伤领域研究者最为关注的问题之一是：个体为什么会自伤。研究者主要沿着两个方向试图解决该问题：一是寻找自伤的影响因素，即看哪些因素会提高自伤的可能性；二是从自伤的功能出发，了解个体是为了达到什么目的而采用该行为。

三、自伤是在多种因素的共同作用下产生。这些因素主要包括个人易感因素和环境因素两大类，其中个人易感因素包括年龄、性别等人口统计学因素，还有个体的完美主义、冲动性等人格特征，个体的消极信息加工风格等认知因素和情绪调节不能等情绪因素。环境因素主要是指个体早期成长的无效环境，或是同伴关系，包括现在的网络环境。这些因素或因素的组合，对自伤的发生有着重要影响。

四、从自伤的实际发生过程来看，个体在自伤前一般由压力性事件诱发，个体在自伤前常体验到负性情绪或想法，从而使得个体希望采用自伤来调节自身情绪和处理人际问题，最终导致自伤的出现。

五、可以从个人/人际、正强化/负强化两个维度将自伤的功能分为四类。具体来看，自伤的功能有七种：情绪管理、对抗分离感、对抗自杀、恢复自己与他人界线、人际影响、自我惩罚和感觉寻求。其中最主要的是情绪管理功能。

六、关于自伤的几个理论模型从不同角度对自伤行为进行了解释，它们将自伤的影响因素和功能结合起来，提示了自伤可能的发生及发展过程。例如，自伤的体验回避模型认为，个体是为了尽快逃脱或缓解不愉快的情绪体验而实施自伤行为，这一行为能立即给个体带来满足（如：缓解情绪），这种负强化导致自伤成为个体自动化的回避反应。自伤的发展心理病理学模型则从发展的角度来解释从童年期虐待到自伤之间的发展路径。自伤的整合模型则认为，自伤是在一般因素（如：社交能力缺陷）和特殊因素（如：个体痛觉缺失）的共同作用下产生。这些理论不仅深入阐释了各种因素之间的相互作用关系，也从不同角度描绘了自伤行为的发生发展过程。

# 第 三 章

# 研究问题与研究设计

## 第一节　问题提出

### 一　已有研究的不足

通过文献回顾可以看出，尽管目前对自伤行为已经有了一定程度的认识，然而总体来看该领域的研究还是存在一些问题：

#### （一）当前发现的影响因素对自伤的解释力低下

目前研究者已经发现了多种自伤的影响因素和功能，这些因素或因素和功能的组合虽然能在某种程度上解释自伤，但目前的研究陷入一个瓶颈，即不能进一步提高解释力。有研究者严格选取了20篇关于自伤影响因素的研究进行元分析，结果发现虽然存在一些在统计上非常显著的因素（如：自伤史和绝望），但所有这些因素对自伤总的预测能力非常低：它们的加权平均比值比为1.56，在控制发表偏差后，这一数值降到1.16。[①] 这一结果表明，这些因素对未来自伤的预测能力很弱，同时也表明当前未能找到强有力的能预测自伤的因素。

———————

① Fox, K. R., Franklin, J. C., Ribeiro, J. D., Kleiman, E. M., Bentley, K. H., & Nock, M. K., "Meta-Analysis of Risk Factors for Nonsuicidal Self-Injury", *Clinical Psychology Review*, Vol. 42, No. 1, 2015, pp. 156 – 167.

（二）对较近端的自伤影响因素的研究有待丰富和深入

现有研究表明，自伤是在多种因素的共同作用下产生的，这些因素主要包括远端影响因素和近端影响因素。一般认为，远端因素只能提高个体发展出自伤等心理病理行为的可能性，并不能直接指向自伤行为，而近端因素能直接预测自伤的发生。已有的关于自伤影响因素的研究绝大部分都在关注自伤的远端影响因素，如早期成长经历、个人的易感性等，但对自伤的近端影响因素，即直接诱发自伤产生的因素缺乏深入探讨。因此，对自伤近端因素的了解对于理解自伤何以产生至关重要。

（三）缺乏对自伤特异性因子的关注

当前发现的许多影响因素除了与自伤关系密切，还能预测其他病理现象的发生。例如，自伤史和绝望这两个最有力的自伤影响因素，同时也是自杀想法和行为的显著影响因素；有研究采用横断和纵向两个样本来检验自伤的发展过程，结果显示，知觉到的父母批评通过疏离影响自伤的发生和频次，但是这一过程也能预测违纪行为。[①] 这就导致难以解释某些现象：同样是在童年期遭受虐待的易感个体，有些人在面对压力事件时选择了伤害自己，而不是攻击其他人。

当前已经有研究者开始关注到这些问题。有研究者认为，若某一发展路径能预测自伤的产生，而不能预测其他病理性症状的出现，则能表明该路径是自伤独特的发展路径；他们尝试验证了 Nock 模型中的"自我惩罚假说"，结果显示，虐待能通过自我批评的认知风格影响预测自伤而不能预测抑郁，因此自我批评的认知风格可能是一个比较关键的自伤影响因素。[②]

---

① Yates, T. M., Tracy, A. J., & Luthar, S. S., "Nonsuicidal Self-Injury among 'Privileged' Youths: Longitudinal and Cross-Sectional Approaches to Developmental Process", *Journal of Consulting and Clinical Psychology*, Vol. 76, No. 1, 2008, pp. 52 – 62.

② Glassman, L. H., Weierich, M. R., Hooley, J. M., Deliberto, T. L., & Nock, M. K., "Child Maltreatment, Non-Suicidal Self-Injury, and the Mediating Role of Self-Criticism", *Behaviour Research and Therapy*, Vol. 45, No. 10, 2007, pp. 2483 – 2490.

总的来说，针对这一问题的研究仍然较少而且结果并不稳定。这表明有必要继续进行深入研究，进一步寻找能直接指向自伤行为的因素。

（四）缺乏对自伤"动态"过程的了解

通过对文献的梳理可以发现，截至目前，关于自伤影响因素的研究多是"静态"研究，即致力于寻找各种影响因素，然后依据已知的心理病理知识建立理论。这种思路忽略了各因素之间的生态性联系，使得研究者对真实的自伤过程了解不够多，这就可能会导致研究者对各影响因素的相对重要性缺乏认识，也难以解释为什么当事人不选择其他应对方式而选择了自伤。因此，有必要关注对自伤过程的研究，即从当事人在自伤前中后的情形出发，了解自伤发生的真实过程。

（五）对自伤影响因素的探讨多是依据演绎逻辑

在关注到自伤之前，学界已经对多种与自伤联系紧密的现象——如抑郁、边缘型人格障碍等——进行了大量研究，而且发现了多种与这些心理病理现象有关的影响因素。因此，当研究者关注到自伤这一现象后，研究者多是根据演绎逻辑，推论这些影响因素中的某些也可能是自伤的影响因素，然后再根据事实证据给予证实。例如，前人研究表明，反刍与抑郁关系密切，而抑郁和自伤的共病很高，因此研究者推论反刍也是自伤的影响因素，并用数据证实了这一推论。这种逻辑反映到研究方法上，就表现为当前该领域的研究多是采用定量分析，即从逻辑上验证由现有理论演绎而来的假设。

这些研究极大地丰富了人们对自伤的认识，使得关于自伤的现有理论更为精细化，然而，这种研究思路容易导致一个问题：难以产生新的认识，即难以发现自伤所特有的一些影响因素。这就提示我们有必要重视归纳逻辑，即从自伤者的经验出发，形成对自伤的认识；然后再采用演绎逻辑对这些新的认识进行验证。在具体进行研究时表现为，先进行质性研究，即采用多种资料收集方法，使用归纳法分析资料和形成理论，最终获得对自伤的解释性理解；然后在此基础上采用量化的方法进行进一步验证，以期对自伤形成更深入的认识。

（六）在现有的定量分析中，缺乏有力的实证研究

一方面，研究者们针对自伤的形成和发展等方面提出了各种理论解释，但由于理论中所涉及的某些因素难以进行操作化，所以为检验这些理论造成了困难；另一方面，在已有的关于自伤的实证研究中，多是采用问卷法或访谈法来进行，但由于这些方法难以避免主观性，所以为客观准确了解自伤行为带来了一些困难。此外，在关于自伤的实验研究中，研究者对自伤的操作化往往比较单一（如：用压力所带来的痛觉来替代自伤），然而这些行为和真正的自伤对自伤者造成的生理和心理感受都会有很大差距。因此，有必要在伦理允许的条件下，用更多样的方法来对自伤行为进行研究。

## 二 本书核心问题

根据以上对现有文献以及现存问题的总结及分析，本书拟解决的核心问题为：在某些事情发生后，为什么自伤者选择了自伤行为？

多年来，已有许多解释人的行为的理论。例如：心理动力学理论认为，人的行为是由各种内在因素，如需要、内驱力和本能所推动的；特质论也强调内部决定因素，它主张人的行为受特质支配，而特质被视为以某些方式行动的广泛而持久的倾向；在激进的行为主义者看来，行为是由先天遗传基因和环境相依性联合控制的产物，他们并不否认内部事件与行为相关联，但他们对此毫无兴趣，因为他们认为这些事件是由外部刺激引起的；社会认知论则认为，人的大多数行为是由内部标准发动和调节的，并对自己的行为作出评价性反应；而在人本主义心理学家看来，理解和预测个人行为的关键是个人内部世界或是他的现象场。[1] 综观以上观点，尽管不同学派强调的侧重点有所不同，然而它们均不否认个体的内部因素对行为的

---

[1] 江光荣：《人性的迷失与复归：罗杰斯的人本心理学》，湖北教育出版社2000年版，第73—82页。

影响；此外，还有理论家提出，行为的直接诱因是那些较为近端的因素，即个体在行为前的认知、情绪状态等；而且根据日常经验也可以看到，是个体在行动前的主观状态决定了个体的行为。因此，对自伤者来说，当某些压力性的事件发生之后，其产生的主观状态决定了他最终作出伤害自己的行为。

　　此外，对某一心理病理现象来说，影响因素非常众多。有研究者曾尝试对这些因素进行区分，认为某因素如果与某一结果的产生相关，且这二者是在同一时间点进行测量，则该因素只能被称为该结果的"相关因素"；而若某些因素先于结果出现，且使得该结果发生的可能性更高，则这些因素可称为"危险因素"，因此，某一变量若要被称为危险因素，则必须在结果出现前进行测量。① 此外，根据危险因素和结果之间时间上的接近程度，可以将这些因素分为远端危险因素与近端危险因素。一般来说，远端危险因素在生命早期出现，它会以间接的方式引发精神或行为问题产生；而近端危险因素则与问题的发生更接近，其主要是指问题的直接诱因，如问题产生前的生活事件、冲突等。②

　　因此，研究者在探讨自伤的影响因素时，往往希望能了解是哪些因素导致了个体自伤，即寻找到其"危险因素"，但是，由于研究条件的限制，对自伤危险因素的研究多数是采用回溯研究的方法，在同一时间点对危险因素和自伤行为进行测量，所以总的来说，研究者并未对自伤的危险因素和相关因素进行严格区分。本书将其统称为"影响因素"

　　不过，为了更清晰地界定自伤的影响因素，本书将借用 Kraemer

---

① Kraemer, H. C., Kazdin, A. E., Offord, D. R., Kessler, R. C., Jensen, P. S., & Kupfer, D. J., " Coming to Terms with the Terms of Risk", *Archives of General Psychiatry*, Vol. 54, No. 4, 1997, pp. 337 – 343.

② Fliege, H., Lee, J. R., Grimm, A., & Klapp, B. F., "Risk Factors and Correlates of Deliberate Self-Harm Behavior: A Systematic Review", *Journal of Psychosomatic Research*, Vol. 66, No. 6, 2009, pp. 477 – 493.

等人近端危险因素的概念①，将研究中的影响因素限定为直接影响自伤行为产生的因素。因此，本书研究将着重探讨从事件发生开始，是哪些因素导致个体产生了自伤行为而不是其他行为。此外，本书对于自伤影响因素的理解是基于罗杰斯的现象场理论（或"经验场"），即每个个体都生活在一个时刻变化的主观经验世界里，并且他自己是这个世界的中心。因此，本书试图回到自伤者的真实经验，探讨他是如何理解自己的自伤行为。

由于这一过程涉及的大量内部体验很难用量化的方法来进行全面测量，所以此时若采用量化的方法可能并不能充分反映现实的情况，因此，本书拟采用质性研究和量化研究相结合的方式。二者都是心理学研究中常用的基本书方法，相比之下，质性研究更多用于对尚不清晰的社会文化和心理现象作出解释性的理解，它能通过对某一心理过程进行深入、全面的分析而发现隐藏的规律，从而为进一步的研究提供线索和理论假设；而量化研究则更适用于对一个相对已知的社会文化和心理现象作出更为精确的描述或预测，多从具体的假设出发，通过实验和定量化的数据分析来检验理论假设的正确性。②

因此，本书研究将先通过质性研究对个体自伤前的情况进行深入分析，从而发现一些导致个体自伤的关键影响因素，并在后续通过量化研究对这些因素进行进一步检验。

## 第二节　总体研究设想与研究设计

### 一　总体研究设想

本书尝试遵循现象学的理念"回到事物本身"，即回到自伤者的

---

① Kraemer, H. C., Kazdin, A. E., Offord, D. R., Kessler, R. C., Jensen, P. S., & Kupfer, D. J., " Coming to Terms with the Terms of Risk", *Archives of General Psychiatry*, Vol. 54, No. 4, 1997, pp. 337–343.

② 高隽：《羞耻情绪的调节》，知识产权出版社 2016 年版，第 76—85 页。

生活经验本身，探讨哪些因素直接影响个体的自伤行为，并明确自伤行为的发生过程。具体思路为：对自伤者针对其真实的自伤经验进行深度访谈，然后基于归纳逻辑，采用质的研究方法对数据进行分析，发现自伤行为的直接影响因素；再基于演绎逻辑，采用量化研究方法对其中的重要影响因素进行量化检验；最后构建自伤行为发生的理论模型，并在此基础上提出有针对性的干预方案。具体来看，研究分为三个部分：

研究的第一部分为质性研究。前人多是根据已有理论提出可能会导致个体自伤的影响因素，并对其进行量化检验。而本书将采用质性的方法，从自伤者的实际经验出发，对其从事件发生到自伤行为产生这段时间内的情形进行深入分析，以期对个体在自伤前的状态有一个清晰的认识，从而了解到是哪些因素使得个体最终选择了自伤而不是其他行为。此研究的意义在于，首先，能够对个体自伤前的状况有一个清晰的认识，从而更深入地了解个体为什么会自伤；其次，通过质性研究发现一些关键的变量，为后续用量化研究进行检验打下基础。

研究的第二部分为量化研究。质性研究结果显示，自伤者在多种因素的共同作用下选择自伤行为。其中有几个变量非常具有代表性，且在前人研究中较少涉及：高情绪强度，对自伤的态度，自伤的"优势"，认知受限。因此，本书将在后续对这四个变量与自伤的关系分别进行量化检验。

研究的第三部分为综合分析部分。结合前文中质性研究和量化研究结果，尝试对自伤行为发生的动态过程进行详细的描述，并构建自伤行为发生的理论模型。此外，在此基础上提出对自伤行为进行干预的要点。

（一）自伤影响因素的质性研究

人本主义心理学家罗杰斯的现象场理论认为，理解和预测个人行为的关键是其内部世界（现象场）。基于这一理论，本书认为，对自伤者来说，其在自伤前这一小段时间内特有的主观状态，决定了他最终作出伤害自己的行为。因此，本书探讨从事件发生开始，是哪些因素导致个体产生了自伤行为而不是其他行为。由于其中涉及的大量内部体验很难用量化的方法进行全面测量，本书将采用质性研究的方法，对这些影响因素进行深入、全面的分析。

（二）自伤关键影响因素的量化研究

研究一结果显示，自伤者在多种因素的共同作用下选择自伤行为。根据质性研究的结果，对几个可能直接导致个体自伤的因素进行量化检验，从而确定通过质性研究得出的结果是否可靠。

（三）自伤行为的发生过程及干预要点

质性研究结果表明，从自伤的诱发事件产生到个体最终采取自伤行为，影响其最终选择自伤的因素可以划分为四个方面：触发事件、心理状态、自伤动机、方式选择。从这四个方面出发，可以初步描述自伤发生的动态过程。之后对这一过程中涉及的关键因素进行量化检验，在此基础上，可以针对自伤者的情绪、对自伤的态度等方面对自伤进行干预。

## 二　研究的创新性与意义

其理论意义在于：首先，深入了解个体在自伤前的主观及客观状态，有助于加深对自伤近端因素的认识，从而为当前难以提高自伤影响因素解释力的研究困境找到突破口。其次，从方法论上将归纳逻辑与演绎逻辑结合起来，即先通过质性研究发现自伤者在自伤前的认知和情绪特征，然后再用量化的方法来验证质性研究的结果。根据这种研究思路能对前人依据演绎逻辑所得到的研究结论进行验证并加以适当补充，能加深对自伤的了解。最后，通过后续的量化研究进一步验证个体自伤的可能原因，这些都有助于完善对自伤的认识，同时为以后的研究打下基础。研究的实践意义是：通过了解哪些因素可能会直接导致自伤，从而快速识别出具有高自伤风险的人，并进行有针对性的干预，以期提高自伤预防和干预的效率。

# 第 四 章

## 自伤影响因素的质性研究
## （研究一）

### 第一节　研究目的和方法

了解个体在自伤前的事件和心理过程，从而发现是哪些因素导致个体选择了自伤而不是其他方式。

本书采用共识性质性研究方法（Consensual Qualitative Research，CQR）来进行分析。CQR 是 20 世纪末由 Hill 等人发展出来的一种质性研究方法，之前主要是应用在心理咨询的研究中。

相比其他质性研究方法，CQR 最大的特点在于是由一个小组来对访谈材料进行分析，最终得到的是所有组员一致认可的结果。具体来说，该方法包含以下几个关键要素：①采用开放式问题收集数据，以防限制访谈对象的反应；②使用文字而非数字对现象进行描述；③深入分析少量个案；④在理解个案某个特定部分的经验时，需要考虑个案的整个背景；⑤研究过程是归纳性的，结论均是根据数据构建出来，而不是事先提出某个结构或理论并进行验证；⑥关于数据的每个决定都是由研究小组的成员（3—5 人）共同作出，组员的观点需达到一致以保证所得到的结论适用于所有数据；⑦要有一到两名审核员对结果进行审核，确保研究小组没有遗漏重要信息；⑧整个研究过程需要不断回到原始数据，以保证结论都准确且忠于原始数据。①

本书选用 CQR 作为研究方法主要是出于两方面的考虑。一是本书试图根据自伤者的真实经历来寻求答案，即由自伤者直接回答他们为什么会自伤，然后在此基础上发现一些关键的因素，由此来看，此研究适合采用归纳逻辑的质性研究方法。二是 CQR 作为一种由多人共同完成的质性分析方法，可以有效防止由单人对材料进行分析时可能会出现的偏差，这有助于产生更为客观、准确的结论。

## 一 研究小组

本书小组共有 4 名成员，均为心理咨询方向的学生，其中博士生 2 名（1 男 1 女），硕士生 2 名（均为女性）。此前有 1 名成员曾参与过 CQR 研究。在研究开始前，所有组员需要先各自学习介绍 CQR 使用方法的 3 篇文献及 3 篇使用 CQR 的研究文献，之后集中起来对研究程序和具体的操作流程进行了详细讨论。

为避免个人的偏见和期待对研究结果的影响，在讨论时还要求每位小组成员根据访谈提纲，结合自己的认识或经验，陈述自己对研究问题的看法。关于为什么个体采用自伤而不是其他行为，大家的看法主要包括：自伤者首先是存在情绪困扰，其次是因为外界条件的限制使得个体只能选择自伤；自伤很有可能是由于榜样的影响，个体观察到其他人用自伤达到了某些目的，就可能会进行模仿；有可能是因为个体对自己不满，当个体认为现实配不上自己的理想时可能会伤害自己；当个体想让他人了解自己的感受，而又不想他人知道自己具体的事情时，可能会选择用自伤来表达。

---

① Hill, C. E., Thompson, B. J., & Williams, E. N., "A Guide to Conducting Consensual Qualitative Research", *The Counseling Psychologist*, Vol. 25, No. 4, 1997, pp. 517 – 572.

此外，强调了大家在讨论的过程中保持平等的交流氛围；鼓励大家在面对分歧时不轻易放弃自己的看法，而要积极表达自己的观点并听取他人的观点，在充分讨论的基础上得出最终的结果。

### 二　访谈提纲

访谈提纲（见附录2）由三部分组成。第一部分询问被访谈者的基本信息，并让其简单谈谈现阶段的生活状态，此部分主要是让被访谈者尽快熟悉访谈并打消疑虑；第二部分是询问被试的自伤情况及其对自伤总的看法；第三部分让被试讲述其印象最深刻的自伤经历（根据具体情况讲述一次或几次自伤经历），要求其描述当时发生了什么，是什么导致他选择了自伤而不是其他方式。访谈为半结构式访谈，问题均为开放性问题，访谈内容基本固定，但实际访谈时会根据具体情况适当调整问题顺序，以使访谈内容更为连贯集中。访谈问题最初由本书作者拟定，问题初步形成后先后请两位心理咨询方向的博士和两位老师进行审阅，并对三位自伤者进行了预访谈，根据各位的反馈意见对访谈提纲进行了反复修改。

### 三　数据收集

在武汉市三所高校随机发放《自伤行为问卷》（见附录1）筛选有自伤行为的被试。该问卷根据个体自伤的频次和对身体的伤害程度来评估个体的自伤水平（自伤分数 = 自伤频次 × 严重程度）。研究显示，该问卷内部一致性信度为0.85，并具有理想的区分效度、效标效度和聚合效度。[①] 研究表明，该问卷适用于大学生群体。此外根据 DSM - 5 建议的诊断标准，本书在问卷最后加入一个题目以了解个体的自伤动机："你作出以上行为是为了（可多选）：①管理糟糕的情绪；②自我惩罚；③寻求刺激或快感；④让他人知道自己的

---

① 冯玉：《青少年自我伤害行为与个体情绪因素和家庭环境因素的关系》，硕士学位论文，华中师范大学，2008年。

感受；⑤_____"。

综合前人经验及 DSM - 5 的诊断标准，本书根据以下标准筛选被试：（1）按照前人标准，问卷得分在 10 分或以上[①]；（2）结合 DSM - 5 建议的诊断标准，问卷得分为 6—9 分，但至少有一种自伤行为的发生次数在 5 次及以上。（3）最后一题（关于自伤动机）至少选择一项。筛选出符合要求的被试后，根据其在问卷上留下的联系方式与其取得电话联系，邀请其参加访谈。在电话里会简单介绍访谈的主题，在对方同意参加后和其约定好访谈的时间和地点进行面谈。其中一名访谈对象是由某医院身心科医生推荐，医生在评估该同学的状况后询问其是否愿意接受访谈，在得到肯定答复后，访谈者直接去医院完成此次访谈。

所有访谈均由本书作者完成。在正式访谈开始前，向访谈对象详细介绍访谈的目的，说明录音及保密等事项，征得其同意后开始录音并进行访谈。访谈一般在 50 分钟左右，访谈结束后向访谈对象表示感谢，并赠送小礼物。

最后共得到 18 份访谈录音，之后将这些录音全部转为逐字稿，共计 17 万余字。

### 四　访谈对象

参考个体在《自伤行为问卷》中的得分，筛选出得分在 10 分以上的个体，然后采用 DSM - 5 建议的自伤诊断标准作为选择被试的标准。共有 18 名符合要求的自伤者同意接受访谈，他们在自伤问卷中的得分为 12—21 分（16.22 ± 3.35 分），其中男性 12 人，女性 6 人，年龄为 17—20 岁（18.89 ± 0.83 岁），所有访谈对象均为在校大学生。

---

[①]　于丽霞：《一样自伤两样人：自伤青少年的分类研究》，博士学位论文，华中师范大学，2013 年。

## 五  数据分析

本书采用 CQR 方法对访谈材料进行分析的整个流程如下：

1. 划域。根据访谈提纲及访谈逐字稿，将每个个案所谈论的内容划分到不同的域（主题）中，并为各个域命名。划域最初由各小组成员单独进行，在完成两个个案后，大家集中在一起讨论，初步确定域和命名，并对这两个个案的材料的划分达成一致。此轮讨论结束后，组员再单独对另外四个个案进行划分，然后再集中讨论，并对域和命名作出修改；因为此时域已经发生变化，所以之前的两个个案也要重新进行讨论。之后的过程与此类似，大家通过多轮单独划域和集中讨论，根据材料中新出现的内容，对域的划分及命名不断进行调整，最终确定下来大家一致认可的域和命名，并据此对所有数据的划分进行了梳理和修正。所有材料的划分结束后，组员再各自对所有访谈材料进行检查，对有疑问的地方提出来由小组讨论并决定是否需要修改。

2. 提取核心观点。以个案为单位，将每个个案同一个域中的内容放在一起，先由每位小组人员独立对各个域下的内容进行概括，形成核心观点。要求提炼出的文字简洁清晰，而且尽量贴近原文。之后小组成员再聚集在一起，对各个核心观点的表述进行讨论，最终达到一致。

3. 第一次审核。在提取出核心观点后，将所有材料提交给两名心理咨询方向的博士生进行审核，审核内容包括域的划分及命名是否合适，核心观点是否准确等。审核结束后，研究小组对审核员给的反馈一一进行讨论，确定是否需要修改及如何修改。到这一步为止，所做的工作均是对单个个案的分析，分析结果均强调忠实于原始材料。

4. 交叉分析。本书先随机抽取出两个个案材料放在一边，对余下的 16 个个案的材料进行交叉分析。即将这 16 个个案同一个域中的核心观点汇总，然后每个组员根据自己对所有数据的整体印象和理解，将域内的材料进行分类。然后小组成员再进行讨论，确定下类的划分、类的命名及各核心观点应该归入哪一类。

5. 稳定性检验。检查所得到的分类是否也适用于之前抽取出来的两个个案，结果表明，加入这两个个案后结果并没与发生改变，因此认为得到的结果是稳定的。

6. 第二次审核。将得到的结果交给三位心理咨询方向的博士生审核，这一步审核要求审核员对域、核心观点和类进行全面检查。研究小组对所有反馈意见进行讨论，最终确定是否作出修改。

7. 类的代表性评定。根据最终获得认可的类和子类，小组成员统计每个类适用于多少个个案。根据 Hill 等人制定的标准①，如果某一类或子类适用于所有个案（或只有一个个案不符合），则认为该类别是"普遍"，本书中是 17 或 18 个个案；如果在一半以上的个案中出现，则将该类别标为"典型"，本书中是 9—16 个个案；如果适用于三个以上的个案，则标定其"变化"，本书中是 4—8 个个案；代表 2—3 个个案为"少有"。只包含一个个案的放入"其他"类，结果中不予报告。

# 第二节　研究结果

访谈中个体讲述了某一次或几次印象深刻的自伤经历。这 18 名受访者所提到的自伤方式如表 4-1 所示。

表 4-1 　　　　　　　　　　**受访者的自伤情况**

| 自伤方式 | 提到的次数 |
| --- | --- |
| 捶墙、捶硬物 | 10 |

① Hill, C. E., Knox, S., Thompson, B. J., Williams, E. N., Hess, S. A., & Ladany, N., "Consensual Qualitative Research: An Update", *Journal of Counseling Psychology*, Vol. 52, No. 2, 2005, pp. 196–205.

| 自伤方式 | 提到的次数 |
|---|---|
| 划伤自己 | 6 |
| 撞墙 | 3 |
| 扇自己的耳光 | 2 |
| 咬伤自己 | 2 |
| 用笔扎自己 | 1 |
| 让别人打自己 | 1 |

受访者详细描述了从事件发生到最后采取自伤行为的整个过程，着重论述"为什么会自伤，而没有选择其他的方式"。最终所有内容被划分成四个域（见表4-2）：

（1）触发事件：直接诱发个体自伤的事件；

（2）心理状态：事件发生后个体所产生的想法和感受；

（3）自伤动机：在这种心理状态下个体想要通过自伤达到什么目的；

（4）方式选择：为什么个体要通过自伤而不是其他方式来达到自己的目的。

下标呈现了划分的域、每个域中的类、子类，以及类别的代表性。

表4-2 CQR 研究结果

| 域 | 类/子类 | 代表性 |
|---|---|---|
| 1<br>触发事件 | 1.1 挫折性事件 | 18G |
| | 1.1.1 学业挫折 | 14T |
| | 1.1.2 人际挫折 | 14T |
| | 1.1.3 多重挫折 | 9T |

| 域 | 类/子类 | 代表性 |
|---|---|---|
| | 2.1 负性体验 | 18G |
| | 　2.1.1 愤怒 | 14T |
| | 　2.1.2 焦虑 | 14T |
| | 　2.1.3 自我厌恶 | 13T |
| | 　2.1.4 压抑 | 10T |
| 2<br>心理状态 | 　2.1.5 愧疚 | 8V |
| | 　2.1.6 抑郁 | 8V |
| | 　2.1.7 不知所措 | 6V |
| | 　2.1.8 孤独 | 5V |
| | 2.2 高情绪强度 | 17G |
| | 2.3 情绪逐渐恶化 | 8V |
| | 3.1 个人动机 | 17G |
| | 　3.1.1 管理情绪 | 16T |
| | 　3.1.2 自我鞭策 | 9T |
| 3<br>自伤动机 | 　3.1.3 转移注意 | 5V |
| | 　3.1.4 自我惩罚 | 5V |
| | 　3.1.5 获得疼痛 | 5V |
| | 　3.1.6 展示力量 | 2R |
| | 3.2 人际动机 | 8V |
| | 4.1 支持选择自伤的因素 | 18G |
| | 　4.1.1 自伤"优势" | 16T |
| | 　　有效 | 11T |
| | 　　简单直接 | 11T |
| 4<br>方式选择 | 　　代价小 | 11T |
| | 　　见效快 | 4V |
| | 　4.1.2 工具易得 | 11T |
| | 　4.1.3 自伤带来疼痛 | 9T |
| | 　4.1.4 模仿他人 | 7V |
| | 　4.1.5 自我控制减弱 | 7V |
| | 4.2 限制其他方式的因素 | 17G |

续表

| 域 | 类/子类 | 代表性 |
|---|---|---|
| 4<br>方式选择 | 4.2.1 认知受限 | 15T |
| | 高情绪强度下想不到其他方式 | 14T |
| | 其他方式能想到，不能做/不想做 | 11T |
| | 自身应对方式匮乏 | 4V |
| | 4.2.2 自我保护 | 15T |
| | 4.2.3 条件限制 | 8V |

注：代表性评定中：G = general，17—18 个个案；T = typical，9—16 个个案；V = variant，4—8 个个案；R = rare，2—3 个个案。

## 一 触发事件

一般认为，个体不会无故自伤，而是由某些事件所触发的。本书结果显示，自伤主要是因为个体遭遇挫折性事件，即个体难以达到自己的目标行为。

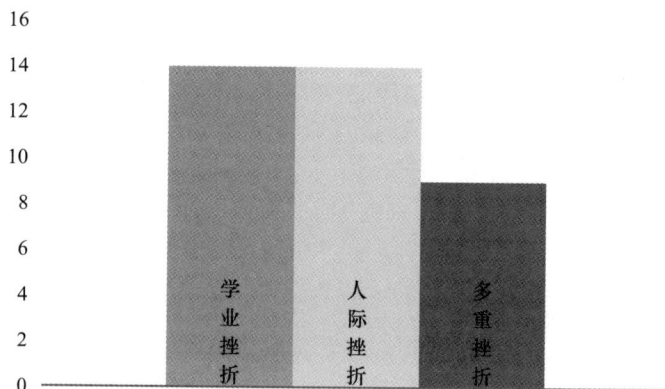

**图 4 - 1 触发事件**

对自伤者来说，其自伤前遭受的挫折主要包括以下几类：

1. 人际挫折。有 14 名受访者提到在自伤前和他人起了冲突，其中提到最多的是和重要他人发生矛盾。如"虽然自己付出了，但是家长还是觉得自己没怎么努力，受到批评"，"高中时和男朋友吵架，互相指责，互相不理解，说什么都不管用，两人沟通不了"。

针对人际挫折的典型样例：

C7—触发事件—人际挫折1："应该是高中的时候，我高中的时候交过一个男朋友，反正在一起之后经常吵架，然后吵架就相互之间都不理解，然后吵了之后，明明这个事情两个人都不对，但是说了之后都不管用。然后觉得……怎么说呢，反正就觉得自己跟他两个人没办法好好说下去，就觉得心里很烦很烦的话，就想去……主要是……就是两个人有不同的看法，他又经常是觉得自己（我）做错了，然后我又觉得他做错了，然后两个人都不承认错误，然后两个人就闹矛盾。（跟他）讲不通了……"

C17—触发事件—人际挫折2："就是……那时候是初三，中考，中考就填志愿问题上跟他们发生了很大的分歧，所以就谈不拢。然后我就……就谈了一早上，谈了很久了，之前也谈过几次，最后都快要交了，就还是没有统一意见，就很生气，然后就撞墙了。"

（2）学业挫折。14名受访者提到曾在学业受挫后自伤。受访者报告，他们会在考试失败、学习达不到自己的期望时，采取自伤行为。如"考试失误导致后面几科考得非常糟糕，重要的考试没考好"，"做题做不出来"。

针对学业挫折的典型样例：

C1—触发事件—学业挫折1："（访谈者：学习上的原因？）对，当时就是因为班级考试吧，那一次，就是因为一次考试，历史考试卷，它是上下两张卷子……第二张卷子发的时候我不知道，也就考试还剩5分钟的时候，我发现自己的第二张卷子没有做完，所以导致了最后的时候历史成绩特别的低。在全校的排名好像是跌出了前100名吧。也就是说可以说是史上考得最差的一次。……（访谈者：当时就是成绩或者那次考试的时候算是比较意外的一次。）可以说那次考试还是说挺重要的，因为是全校组织的一次考试，但是在班级和全校上面都没有取得比较好的成绩吧。"

C11—触发事件—学业挫折2："高考那几天不是很忙嘛，那时候家里又有压力，学校有好多作业串在一起……然后就做了一点点的那种，看到有尖的东西就划一下，那会好一点……"

（3）多重挫折。有9名受访者表示，有些时候并没有一个非常明确的事件来刺激其自伤，有可能就是某一段时间在各方面都很不顺，这种情况下发生一件小事就有可能导致其自伤。

针对多重挫折的典型样例：

C2—触发事件—多重挫折1："如果往远一点说，我觉得就是那段时间有一些各种各样的烦心事困扰的话，就会突然那样子，都是一些杂碎的小事吧……比如你刚刚上课的时候说话被老师看见了什么吧，这些事情、类似的。"

C16—触发事件—多重挫折2："快高考了那段时间，然后也有一些分心。反正感觉压力也挺大的，自己还因为别的一些无关紧要的小事分心，然后告诫自己……算告诫自己吧，让自己不要想那么多，然后在这块地方（上臂）划了一下，那时候是一把刚买的刀，挺锋利的，然后一下子就裂开了。"

## 二 心理状态

触发事件会导致个体产生某些想法和感受，这些因素统称为心理状态。在这个域中，个体主要描述了其从事件发生后到自伤前所产生的负性体验以及这些负性情绪的强度，还有一些个体强调了情绪的变化过程。

1. 所有个体在受挫后都产生了负性体验。大多数个体都直接或间接表达了几种负性的体验，对这些负性体验进行归纳后发现，他们提到的负性体验可以大致分为八类（见图4-2）。

愤怒。有14人提到在事件发生后感到非常愤怒，其中有6个人是对自己愤怒，有11人报告了对他人的愤怒。

针对愤怒的典型样例：

C4—心理状态—愤怒1："就是……也有一部分是对自己的吧，

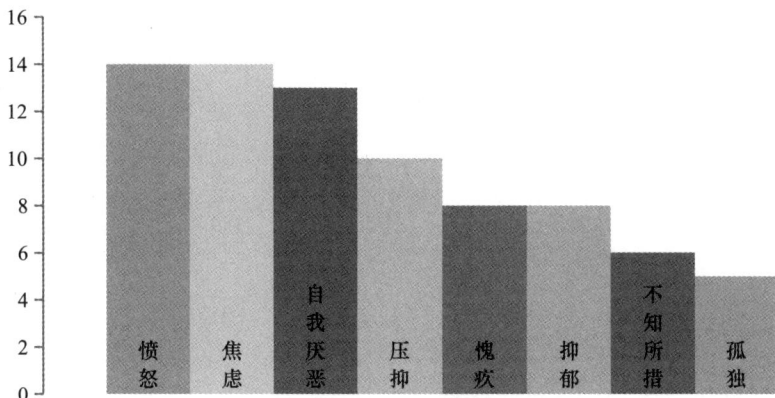

图4-2　心理状态

因为自己觉得，总归觉得自己做得不够好，所以才会让别人不太接受你，所以算是对自己的那种愤怒吧。"

C17—心理状态—愤怒2："对，很生气。他们都不理解我，然后就特别想让他们知道，我真的很想这么做，然后，就让他们……让他们同意我吧。所以情绪就……就感觉，还有一点点的怨他们吧。（访谈者：怨他们。）对，如果，不是你们这样不同意我也不会说，去撞墙什么的？可能就这样一个情绪。"

焦虑。有14人提到觉得焦虑不安、很烦。在经历挫折事件后，他们会体验到强烈的焦虑、烦躁等情绪。

针对焦虑的典型样例：

C2—心理状态—焦虑1："那个，也就是，我……其实那个情况挺复杂的那个情况，因为它不是那种有具体的事情引发的那种连续的情感，没有，只是突然一瞬间觉得很烦躁，然后就会去做（自伤）。"

C9—心理状态—焦虑2："就是我，我本身是不情愿跟别人去讨论这个问题，但是你是我老师，毕竟是我的长辈，我不好说就是我当面跟你翻脸啊或者什么的，也就不会怎么说，她问我什么，我也当作不在意，笑嘻嘻地回答，然后过后心里就会特烦。（访谈者：所以过后其实心里是特别不舒服的。当时是对她生气吗？还是?）生气的话，生气还是有点，但是也不是全部都是生气的原因，但是就是不知道为什么，就是不想别人去触及自己的隐私问题，就是不想过多地去讨论这个问题，大概就是我不想去考虑我家以后会怎么办这样的问题，但是如果别人问了，我就会不自觉地去思考这些问题，然后就会越来越烦躁。"

自我厌恶。有 13 人报告在触发事件之后感觉自己很糟糕。他们在对自己遭受的挫折进行归因时，往往会认为是因为自己不够好，是自己导致了家人的失望，因此会觉得自己无能、一无是处。

针对自我厌恶的典型样例：

C1—心理状态—自我厌恶 1："算不上愤怒吧，我觉得，当时是心情非常低落。对愤怒这方面，我从小到大好像就没怎么愤怒过，就是心情低落吧，感觉自己无能。跟这个比在这方面不如，跟那个比的话，在那个方面就不如，就感觉自己一无是处，这样子。"

C13—心理状态—自我厌恶 2："就比如说大学啊自己一个人开始刚从别的城市到这里来，都会感到很孤独啊一个人，就会有闲得发慌那种感觉，后来呢不知道干什么，然后现在天天就会像玩一样的感觉蛮荒废的，家长扔了那么多的钱，自己在大学这样荒废，然后过得也不是很充实，就会蛮恨自己的这样感觉，感觉自己蛮废一样。……（访谈者：所以当时是因为愤怒吗?）没有。（访谈者：不是愤怒，那是什么啊?）就是蛮瞧不起自己的。"

压抑。10 人报告事件发生后感觉很压抑，情绪无处发泄。他们心里堆积了大量的情绪，但是因为种种原因无法表现出来，因此只能憋闷在心里，感觉特别压抑。

针对压抑的典型样例：

C12—心理状态—压抑 1："心里极度憋屈、不爽，觉得难以释怀"。

C8—心理状态—压抑 2："打自己这件事嘛，唉，怎么说呢，反正有时候负面影响会很大，心里憋屈，自己躺在床上乱想吧，想一想就更过不了，就发泄。心里特别难受还没处发泄，还有别人不理解的时候，我会觉得特别特别特别憋屈。"

愧疚。有 8 人感觉到愧疚、对不起他人。他们会产生较重的负罪感，觉得是自己造成了别人的失望。

针对愧疚的典型样例：

C2—心理状态—愧疚 1："那个时候，我感觉我自己特别特别在乎自己的成绩啊，什么情况……就是，没有发挥应有的水平，然后觉得辜负了老师期望什么的，然后被老师训话觉得自己很没用啊、然后一想到家人为自己付出那么多，然后自己却还是那样子没有进步然后还有……"

C16—心理状态—愧疚 2："就是……也算是心里会有比较重的负罪感，然后这样子可以好像是给自己惩罚，然后稍微逃避一下心里那种负罪感"。

抑郁。有 8 人报告产生了难过、伤心这一类体验。他们在经历挫折后，会感觉到不高兴、难受，或是悲伤，觉得很痛苦、崩溃。

针对抑郁的典型样例：

C2—心理状态—抑郁 1："就是很那个，很难过嘛，然后就不自觉得就那样子了。"

C18—心理状态—抑郁 2："就那一次就是因为，本来在高二之前我都很努力地保持自己的成绩，虽然说也没有特别烂……不是，虽然也有没有特别好，但是也还是十几二十名的样子啊。然后老师一直以来都是蛮照顾我的吧，就一直让我坐在前排，然后那一天他突然换座位的时候就把我调到最后一排，最后一排，真的，当时特别心酸，大家都知道坐最后一排是什么意思，这都不用提了吧？然后觉得，本来之前在前排都是跟成绩好的人在一起，然后后来调到后排去了，成绩好的人也不理我，成绩不好的人也不理我。所以这样就是……就特别难受。"

不知所措。有 6 人报告感到不知道该做什么，是指会觉得头脑一片空白，不知道该怎么做，也不知道该怎样去想；无法去应对当下的情绪，不知道该做些什么。

针对不知所措的典型样例：

C15—心理状态—不知所措1："主要是吧，就是有时候感觉很压抑的时候，感觉不知道该怎么办，有时候会，捶击东西啊！主要就是这个。"

C16—心理状态—不知所措2："会让自己的思绪变乱，然后焦躁不安，坐立不安，不知道自己该去做什么，然后会觉得很无助，有点对未来没有希望的感觉，觉得现在在做的一切都是没有目的的，或者说，我为什么要再做这种事情的感觉。"

孤独。有5人觉得很孤独，被他人排除在外。具体是指他们觉得身边的人都无法理解自己的感受，或是受到了不公平的待遇，甚至会感到自己被放弃。

针对孤独的典型样例：

C8—心理状态—孤独1："我就觉得当时你跟人说他也不会体会你的那种感觉，只有你跟他当面说才会体会你的那种感觉吧。我觉得就这样。"

C12—心理状态—孤独2："还有今天，比如我想明天作业还没做，辅导员今天又要点我名字怎么办，感觉现在好烦，以前的都加起来就感觉这个世界跟你过不去。"

2. 自伤前的高情绪强度。根据访谈对象的描述，几乎所有个体（17/18）在自伤前所体验到的情绪感受非常强烈。他们的典型体验为，情绪低落到极点，这种情绪非常激烈、难以控制。

针对情绪强度的典型样例：

C4—心理状态—情绪强度1："……所以我就估计只有在压抑不住的时候，就一直会压抑自己，压抑到情绪爆发出来的时候，就会捶墙，或撞墙之类的。"

C8—心理状态—情绪强度2："就是憋火的事，比如说一件特别特别生气的事，你自己想的时候不去往好处想，而去往坏处想就会觉得越来越生气啊。每次都会这样，我也不知道为啥，每次都会这样，就激化矛盾嘛，然后心里火就发泄在自己身上了"。

3. 情绪逐渐恶化。有8个个案提到在事件发生后，他们的情绪并非瞬间就会到达某一状态，而是经历了一个逐渐恶化的过程，变得越来越糟糕。

针对情绪变化过程的典型样例：

C4—心理状态—情绪变化过程1："像……没有跟别人……就是自己一个人单独待着，即使是周围有其他人，但是都没有跟自己沟通的时候，然后自己一个人闲着，脑海里面就会不断地回想那个事情，这个时候我感觉那个负面情绪就会不断地积累，然后之后就可能会压抑不住就爆发出来。（访谈者：到了一个点，它就会……）爆发，对。"

C16—心理状态—情绪变化过程2："……情绪特别乱的时候，然后，首先会静下来想一下该怎么解决，但是想了以后会想得更糟糕，可能情绪、思想比较消极吧，就会越想越糟糕越想越糟糕。然后就可能会让自己停下来，不要再想，而且也是用这个方法让自己冷静一下。有时候是惩罚自己一下，减轻一下自己心里的负罪感。用疼痛去分散一下注意力。"

### 三　自伤动机

动机是引起个体活动，维持并促使活动朝向某一目标进行的内部动力。在本书中，个体描述了在当时的心理状态下是什么促使他们想要去自伤，即他们想通过自伤获得什么，这部分内容统称为自伤动机（见图4-3）。

研究显示，可以将个体的自伤动机分为两类：个人动机和人际动机。总的来看，两类动机的分布不平衡，以个人动机为主。

1. 个人动机。个人动机体现在个体想要通过伤害自己来对自身产生某些影响。几乎所有自伤者（17/18）都报告在自伤前具有这一类动机。具体来说，他们希望能通过自伤来达到以下目的：

管理情绪。从前文可以看到，在触发事件发生后，自伤者会产

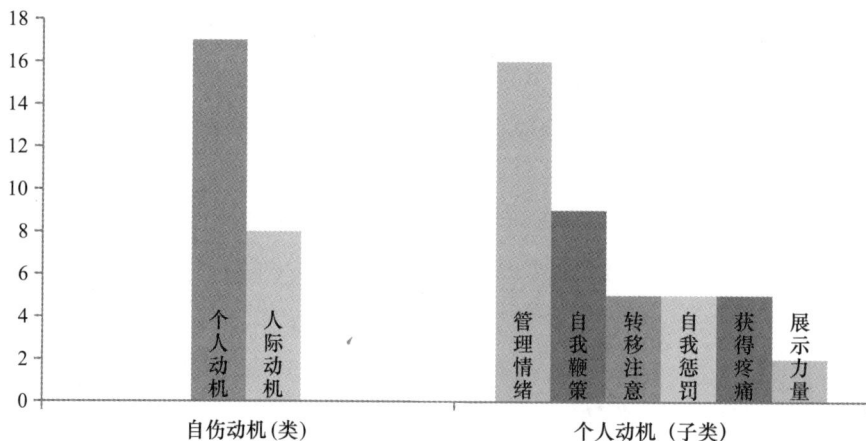

图4-3 自伤动机

生高强度的负性体验，因此有一大部分自伤者（16/18）提到之所以会自伤，是因为想"宣泄情绪"，"发泄情绪，平静心情"。

针对情绪变化过程的典型样例：

C7—个人动机—管理情绪1："我觉得我情绪……就算我很烦的时候或很悲伤的时候，我都是很理智的，所以说……就算是我很烦或者是很悲伤，这时候有个同学来跟我说几句话，我还是不会对他发脾气的那种，就是很理智。（访谈者：会想尽办法把自己克制下来。）不会伤害别人。（访谈者：那为什么伤害自己这一块没有克制呢?）因为毕竟心里都还是有那个……不可能不发泄出来啊。又不能找别人发泄，所以说就只有自己弄自己……心情好一点。"

C11—个人动机—管理情绪2："就感觉很烦很烦躁，然后有些事情想不通，好烦压力好大……那时候很想找地方发泄一下，然后有时候人多又不好意思喊出来，然后我就私底下偷偷地弄一下。"

自我鞭策。有9个个案想要通过自伤来鞭策/提醒自己。有些个体虽然处在很糟糕的心理状态中，但是他们很迫切地希望能够有所改变，因此他们想用自伤来提醒、鞭策自己。

针对自我鞭策的典型样例：

C3—个人动机—自我鞭策 1："比如说马上有一个材料必须在几点几点要交完，但是你感觉你自己还没开始写，感觉太紧张了然后就可能会……然后在马上找那些东西太赶的时候可能会砸下墙，来让这个气氛更加紧张一些让自己能够尽快投入进去。（访谈者：哦，是让自己尽快投入？）也起一个警示作用吧。（访谈者：警示，警示什么呢？）警示自己好好必须要快点必须要快点。（访谈者：哦必须要快一点 那这样真的可能会让自己紧张起来？）我觉得会吧，砸墙的话，我觉得气氛真的是可能会，会对气氛有点影响。"

C13—个人动机—自我鞭策 2："（访谈者：哦，把自己打疼打破。）对，然后让自己长记性。（访谈者：长什么记性呢？）就比如说今天这样凶自己然后明天后天都不要像今天一样了，就感觉自己做得不是很好，想以后自己可以成长起来……就相当于是要鞭策一下自己。"

转移注意。有 5 个个案报告当他们处于那种非常混乱的状态中时，会希望能通过自伤来转移注意，让自己清醒过来。

针对转移注意的典型样例：

C11—个人动机—转移注意 1："……就是找一个痛觉，你捶自己一下，突然猛地朝腿捶一下，突然觉得注意就被转移过去了，后面就是想你的手怎么样，而不是今天该怎么过了，把那个朦胧期过去了。"

C16—个人动机—转移注意 2："（访谈者：有犹豫啊。当时是什么促使你最后还是把刀子拿出来？）就是……也应该是一种觉得必须中断自己胡思乱想。"

自我惩罚。有 5 人想通过自伤来进行自我惩罚。触发事件之后，有些自伤者会认为是自己的问题，他们希望能通过某些方式惩罚自己。

针对自我惩罚的典型样例：

C8—个人动机—自我惩罚 1："我觉得，嗯，比如说去打他吧！不是一个现在年龄该干的事儿，会觉得自己很小孩子……还有就是，有时候自我惩罚吧，唉，自己激怒自己的时候。（访谈者：哦，自己激怒自己的时候？）自己搬弄事的时候。（访谈者：你觉得是在惩罚自己？）对，在惩罚自己吧！偏激一点。"

C16—个人动机—自我惩罚2："嗯。就是那时候就是感觉，好像必须这样做。我也不知道为什么。而且好像还……如果划的不够的话，还得就是……更那个一点。（访谈者：哦，划的不够还得再划。）嗯。好像就是那种惩罚不够的样子，类似的这样。（访谈者：你那个时候是想惩罚自己的。）嗯。"

获得疼痛。有5个个案是希望能获得疼痛。他们明确表示，他们就是想要通过自伤获得疼痛，或是需要疼痛，让自己有感觉。

C12—个人动机—获得疼痛1："说实话就是打过去的那一瞬间，感觉手一点都不疼，真的一点都不疼，有可能你觉得这是我个人感觉，真的一点不疼。当时打过去，突然觉得一点都不疼，打完突然后面几秒钟你觉得好受，就像当时人家练跆拳道，虽然手不破皮，但就是想疼。（访谈者：你当时捶墙也是想疼？）是想疼。"

C13—个人动机—获得疼痛2："就是当那个时候，当自己气愤的时候，自己感觉，心里只有那种感觉，就是用疼痛来麻痹自己的那种感觉。"

展示力量。有2名男性个案提到是想通过自伤来展示力量。

针对展示力量的典型样例：

C1—个人动机—展示力量1："嗯，对，你这个其实感觉这里面还是很搞笑的，你觉得一般我伤害自己是感觉自己无能，你思想上感觉自己无能，就像左半边脑一样，你左半边脑觉自己无能，你右半边脑说你应该有能量……你左半边脑主要想的就是自己无能，所以，你突然想着想着就像右半边脑会爆发一样，我有自己的有的能量，你就突然会爆发出这种能量，就是力量身体上的能量，但是这种力量爆发出来就攻击在自己身上，你就像展开一下……（访谈者：就展现出来，就觉得好像也是一种力量的表现。）嗯，对对。你想到自己无能的话，就特别想展示自己有能量的一面，那时候就有可能会转变成力量这方面的。"

C12—个人动机—展示力量2："（访谈者：然后就是其实在第一刀之前还是纠结了一下，但是最终为什么还是下了手？）为了那一份你自以为是的自尊心呢。我是这样觉得的，后来想想也是这样觉得……"

（2）人际动机。有8个个案希望能通过自伤来解决人际问题，这一类动机为人际动机。有一部分个体希望可通过伤害自己这种方式来威胁、控制他人，还有个别个案是希望通过自伤来引起他人的注意、获得关注。

针对人际动机的典型样例：

C11—人际动机1："呃，说真心话吧，就是，因为就那种感觉，你自残的时候被你喜欢的人看见可以感觉好像你很重视她的那种感觉一样……（访谈者：哦，就是本来是想着这个事情是不是说可以……）有什么……有什么转机什么的。"

C17—人际动机2："吵架之后就觉得，他们两个都不理解我。我其实可能撞墙是引起他们注意吧。因为他们房间就在我隔壁啊，我这样撞了他们应该能听到。（访谈者：哦，所以说并不是说一个人偷偷去撞，实际上还是想他们知道的。）嗯。（访谈者：希望他们知道之后怎么样呢？）就……就起码就，因为吵的那个事情，如果他听到了，就可能想到会妥协吧……对，因为发生了矛盾，然后，他们看我这样可能就会同意我。"

## 四　方式选择

从上文的自伤动机可以看出，个体伤害自己都是为了达到某种目的。本部分"方式选择"主要是来说明，为什么个体选择用自伤而不是其他方式来达到其目的。对此，受访者主要是从两个角度来进行说明：一是选择自伤的原因，二是不使用其他方式的原因（见图4-4）。

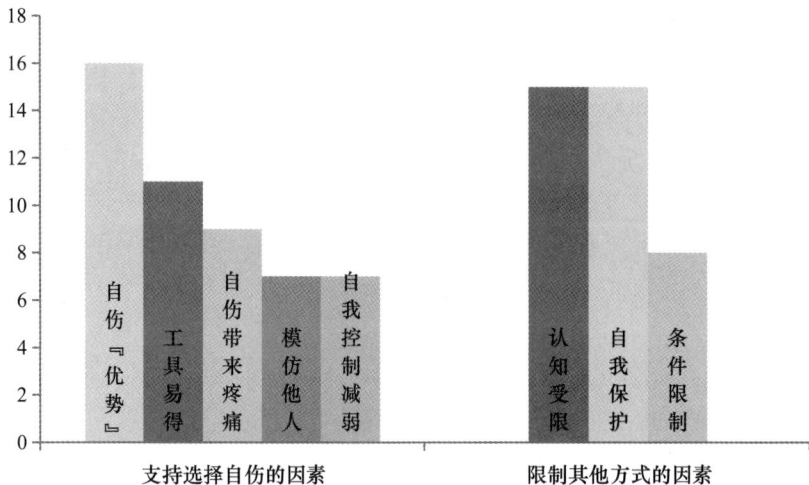

**图4-4 方式选择**

1. 支持选择自伤的因素

（1）自伤"优势"。最普遍的原因是被试对自伤的看法比较正面，即认为相对其他方式，自伤方式有它自身的"优势"。有16个个案对自伤持接纳的态度，他们对自伤的积极评价包括：有效（11/16）、简单直接（11/16）、代价小（11/16）、见效快（4/16）。

针对自伤"优势"的典型样例：

C2—支持因素—自伤"优势"1（有效）："那个时候我反而觉得掐自己比玩儿游戏有效率，玩儿游戏那个效果并不是特别好，特别是作业没有做完效果特别差……你想作业没做那是很烦的，玩游戏也没有心情……玩儿游戏也是浪费时间。（访谈者：所以游戏虽然是一种方式，但是好像效果根本就比不上那种去伤害自己。）玩游戏吧，它的作用就是转移注意力，但是如果你不够沉迷的话转移也转移不了。（访谈者：哦，转移不了）对……但是像那样一个疼痛的刺激，就可以很好地转移。"

C7—支持因素—自伤"优势"2（简单直接）："（访谈者：有没有想过写一些东西啊，抒发一下感情之类的?）我觉得我当时没有想过，因为太麻烦了这个。比如说心里很烦的时候，还要专门去找笔，还要专门去找这找那，还要想一堆啊，然后写，写了之后再出去扔掉。没啥用。（访谈者：哦，没用，而且也麻烦。）我觉得还是采用最简单的方式。"

C4—支持因素—自伤"优势"3（代价小）："打人后果比较严重，就是这种事情相当于是被列为禁止去做的。然后捶墙的话，后果，伤到的顶多就是自己受些小伤，也不会有什么严重的后果。（访谈者：哦，不会有什么很严重的后果，而且还比较有效。）这算是，在我看来这算是比较好的方式了。"

C3—支持因素—自伤"优势"4（见效快）："（访谈者：嗯嗯，所以你刚才也提到了说好像砸了之后疼也就几分钟的事情，好像这是一个很快的方式，但是好像其他运动啊，什么的就会花的时间长一些。）嗯对对对，这个时间上来说，砸墙这个可能会是最简洁的方式。（访谈者：最简洁的？）简洁的方式……运动的话，可能会运动很久。（访谈者：哦才会达到同样的一个效果。）对。（访谈者：嗯，所以就是很奇怪啊，因为你说运动的话是消耗很多能量的，然后呢砸墙的话可能就那几下消耗的能量，不一定比这个跑步要多，但是反而是会更有效更快地达到一个效果。）对，当时如果心情不好的时候你肯定不会理智去想那么多，就是……反正就是想更快的……反正怎么找到一个更快的方法把自己释放一下。"

（2）工具易得。有11个个案提到当时的客观环境支持其采取自伤行为。这些个体提到，会自伤是因为手边正好有便于其实施自伤的工具，如"工具易得，喜欢买刀，那段时间买了很多刀子""刚好手上有工具"。

针对客观条件支持的典型样例：

C11—支持因素—客观条件1："我也不是经常这样做，高考那几天不是很忙嘛，那时候家里又有压力，学校有好多作业串在一起。感觉好烦，自己学不进去……然后就做了一点点的那种，看到有尖的东西，就划一下，那会好一点。……（访谈者：是用刀子吗？）不是，那时候不都有那个镜子。"

C18—支持因素—客观条件2："我不知道，就觉得很自然就这样做，我也不知道是为了什么……就很自然看到笔我就拿过来了，我也没有管什么其他的。"

（3）自伤带来疼痛。有8个个案表示在当时的情绪状态下，需要用疼痛来达到自己的目的（如自我惩罚），而只有伤害自己能为他们提供所需要的疼痛，因此他们选择了这种方式。如"必须借助疼痛转移自己的注意力""通过疼痛来自我惩罚，疼痛是自己能给自己的惩罚"。

针对自伤带来疼痛的典型样例：

C1—支持因素—带来疼痛1："嗯，没有想那么多，但是想要给自己算是惩罚上的概念吧。绝对没想到就是伤的特别严重。就想让自己身体上承受一点疼痛弥补一下自己最近的过失吧。（访谈者：哦，觉得好像身体疼痛了就可以弥补一下过失?）对对。（访谈者：为什么会有这种感觉呢?）这种感觉我也不太清楚，不过，到现在我也感觉这种感觉一直伴随着自己：你做得不好就必须要接受惩罚。而自己能给自己的惩罚就是疼痛啊。"

C13—支持因素—带来疼痛2："对啊！因为我都有力度的，不会像那种不要命的就使那么一个拳头。（访谈者：哦，所以是控制了力度的，也会让自己疼吗？那个时候。）可能疼还是有一点的吧，但我感觉像我这种难受型的，疼一点会舒服一些，就蛮喜欢那种疼痛的感觉。（访谈者：所以你不怕疼是吗?）怕疼啊。（访谈者：那为什么你还是喜欢疼痛的感觉呢?）怕疼也喜欢，不知道怎么说，估计是一个男生的心思。"

（4）模仿他人。有时候个体是因为看到其他人采取过类似行为，所以就进行了模仿。本书中有7个个案提到了这种情况，如"班上流行这种方式（在手上刻字），效仿同学、随主流""见到爷爷有过打自己的行为"。

针对模仿他人的典型样例：

C7—支持因素—模仿他人1："毕竟……人家可能说……就是班上有个潮流，都是在刻字。有一种那种看人家刻也想刻的那种心情。（访谈者：除了烦，还有一种就是……）外界因子。（访谈者：大家都这样，嗯。）就你看见人家刻的时候，然后你自然而然想仿造人家，看有没有效啊之类的。看人家都刻了，然后你去刻一个字，然后觉得……挺随主流的那种。"

C17—支持因素—模仿他人2："我想下那是怎么回事，用刀划自己。好像是看到了什么，好像是看了书还是看了电视剧还是什么的，然后就试一下拿刀就划了，不过那个还好，不是特别大的伤口。（访谈者：是在模仿别人吗?）应该是模仿别人，因为是看到了才去。因为那个时候可能自己也没有想那么多，然后就划了一下，出血不多，一个小伤口。"

（5）自我控制减弱。7个个案提出，在高情绪强度下平时阻碍自己自伤的那些力量会减弱。高情绪强度使得他们对自伤的恐惧减少，平时不敢做的一些行为此时都可能会出现，如"情绪达到极点时就不再想其他事情，也不会害怕疼痛"，"太烦了，当时就不害怕自伤了"。

针对自我控制减弱的典型样例：

C7—支持因素—自我控制减弱1："肯定疼啊，但是你心里想的话就觉得不是很疼。因为你心里要急于表达出来，然后就想……当时刻的时候不是很疼，之后再回想起来的话就觉得还是有点怕了。（访谈者：之后回想的话还是觉得那个行为有点吓人的。）嗯。（访谈者：……但当时没有想过吗?）当时太烦了就没有想，就老师上课的时候就一个人拿着刻刻刻。"

C14—支持因素—自我控制减弱2："（访谈者：那比如说像你在捶墙的时候会是自己一个人呢，还是会在周围有其他人的时候?）都有。（访谈者：那个时候会担心他们看到吗?）那个时候是我当时内部的烦躁，也许是做题目啊……我就不在乎他们是不是注意到了，我觉得是这样的。"

2. 限制其他方式的因素

（1）认知受限。关于为什么不采用其他方式，有 15 人是因为在当时的情形下出现一种认知受限的状态。在这种状态下，他们没有办法采取其他行为，而是"不得不"自伤。具体来说分为三种情形：（a）高情绪强度下想不到其他方式。当个体处于高情绪强度时，思维很容易变得狭窄，从而难以想到一些在平时很容易想到的应对方法。本书中有 14 人提到这种情况，如"情绪上来的时候没想那么多，下意识行为""特别愤怒，想不到其他的方法，就伤害自己了"。（b）其他方式能想到，不能做/不想做。有些时候个体能够想到其他的应对方法，但因为某些顾虑而不去采取那些行为，有 11 人出现这种情况。如"心里特别烦躁，但又不好和别人说，就只能自己发泄一下""不想因为自己情绪不好向朋友倾诉，担心给朋友带来不好的感受而失去朋友"。（c）自身应对方式匮乏。有 4 个个案还提到了他们是自身本来就缺乏有效的应对方式，如"从小环境闭塞、性格内向，应对方式匮乏""虽然这种方式只有一点作用，但也没有其他办法了"。

针对认知受限的典型样例：

C13—限制因素—认知受限 1（高情绪强度下想不到其他方式）："我当时想到的方式就只有这个，那个时候蛮悲伤的时候，蛮愤怒的时候那种急切的心理，一般都不会再去想其他的事情了，一般都不会像现在这样冷静去想如果到那个时候会怎样？一般都不会再去想了。"

C4—限制因素—认知受限 2（其他方式不能做/不想做）："（访谈者：那有没有考虑过其他的方式呢？在当时。）当时就很想找人一起去打球、唱歌之类的，通过这种方式来发泄，但是没有。当时那一天也没人可以陪我去唱 K，打球的话……上课也比较累，所以大家估计都不太行。（访谈者：哦，所以那天好像客观条件就不允许你去做其他的事情，然后就……好像是心里那股感觉一直都还在，所以就那样捶了）对。"

C1—限制因素—认知受限 3（应对方式匮乏）："对，我之前有同学，他们释放压力的方式不一样，有的是大声地叫吧，有的是唱歌什么之类的，跑步。之前也提到过，我从来没出过县城，性格方面应该是比较内向的吧，根本就不知道怎么释放自己。（访谈者：不知道怎么释放？）啊，对，小时候一直在屏蔽那个'小盒子'里面，你没有到大学时那个'盒子'不会打开，你只能在那个'盒子'里面活动，所以你根本接触不到外面的方式，你跟别人联系不上，你跟同学之间都是在那个县城里面，他们也不可能对你情感那方面有什么帮助。所以，对别人宣泄啊，或者自己一个人找一个僻静的角落大喊大叫啊，这种我觉得，我有尝试过，但真的什么用也没有。"

（2）自我保护

"认知受限"这一因素侧重于说明为什么个体没有选择一些更易于被他人接受的方式（如跑步、喝酒）来达到自己的目的；而大多数自伤者也提到了另一个方面，即为什么没有采用更具破坏性的方式（如自杀）。有 15 名受访者提到，无论情绪多么激动，他们都"具有自我保护意识"，也就是说他们有自己的底线和理智，这使得他们不会采用更极端的方式。如"觉得人应该有责任心（对自己和家人），会自然地去控制自伤的程度，不能把自己伤得太重"，"因为理智存在所以不会选择太激烈的方式，不会对自己造成很大伤害"。

针对自我保护的典型样例：

C2—限制因素—自我保护 1："（访谈者：你说当时划的时候有划伤，但是实际上并没有划的很重。）嗯，因为其实对自己还是有点怕，因为那个刀有点锈，怕破伤风。（访谈者：哦，怕破伤风。）对，因为那个我知道轻重的。（访谈者：所以你说的轻重是指？）不会像割腕似的，那个，我们学校以前就有那样一个男生嘛……因为喜欢别人跑去割腕，被家长抓住了，去急救了，在医院急救……（访谈者：但你有轻重，你没有。）嗯，因为我觉得人还是要有责任心，因为，还有父母什么其他的，不能这一件事，把自己，随便的对待自己。（访谈者：其实在动手之前心里还是想了很多的。）嗯。（访谈者：当时想的都有哪一些啊？还记得吗？）那个时候只是，我觉得划是一个动作，然后控制度就是那种客观、自然、脑子里自然形成的、不会去刻意考虑应该划多少，就是那样一个度，不是刻意的那样子……就是脑子里有一个自残的倾向，但是不会过分的伤害自己……（访谈者：所以你脑子里有一块是很清楚的，那一块是什么，可以描述出来吗？）大概是我还有那么多年的生活，不能因为这一件事让自己毁在那儿，还有那么长的路要走。"

C12—限制因素—自我保护2："（访谈者：所以你做这些事情的话都是经过了一个权衡的。）心里最起码有一个考虑，至少是在理智范围内。（访谈者：虽然其实你都做这些事情，但是都在你的控制范围之内的。）那不然你使劲捶，那你为什么不往桌子尖角捶呢，你要往墙上捶呢？你这样想，你往这里捶啊，你往墙上捶，那里平坦的，你还会选地方，有的人还是往被子上捶，你要这样想，他不会伤，真正的伤，就算伤害也是一种轻的伤……你觉得捶墙这个还可以接受，你心里可以接受，不会真正伤害到你什么，你觉得这样，所以你去做了，你总不能拿把刀子捅自己吧！那你肯定潜意识上觉得这不行，这会伤害自己，真正的伤害自己，当时就这样想。（访谈者：所以捶墙这个，还不是真的想要伤害自己。）那真的不是真正伤害自己，捶墙，有的人练过他捶的一点事情都没有，真的，就觉得当时有点疼而已，手都不会红。"

（3）条件限制。有8个个案提到虽然存在其他可能的选择，但是由于客观条件限制，他们没有办法采用其他行为。如"找人倾诉不太方便，客观条件不允许选择其他方式""环境限制，无法实施其他应对方式"。

针对条件限制的典型样例：

C7—限制因素—条件限制1："反正是当时，心里很委屈，好像那时候。然后有一点想哭然后又不想让自己哭，因为在寝室人挺多的，就不好意思，就一个人闷在被子里面咬手。"

C11—限制因素—条件限制2："就感觉很烦很烦躁，然后有些事情想不通，好烦压力好大。那时候很想找地方发泄一下，然后有时候人多又不好意思喊出来，然后我就私底下偷偷地弄一下……如果当时地方会很空，又没人看到，我想我会喊一下。"

# 第三节 讨论

## 一 触发事件

根据个案的描述，他们在自伤前都曾受挫。本书的对象均为在校大学生，他们报告的挫折性事件主要为人际受挫、学业受挫和多重受挫。

在前人研究中，尽管研究者知道自伤一般是由某些事件触发，但很少有研究对这些事件的具体性质进行说明。例如，在解释自伤时，若涉及自伤的诱发事件，研究者一般都会将其笼统称为"压力性事件"，如"在面对有挑战的或压力性事件时，某些易感的个体倾向于表现出情感或社会功能失调，这就导致他们需要采用自伤或其他极端行为来调节自身体验"[1]；另外，在具体的实验操作中，当需要诱发个体在自伤前的感受时，研究者所采用的处理一般为"请描述一个让你感觉异常愤怒的事件"[2]。

也有少量研究涉及具体事件。在一项关于自伤原因和功能的研究中，研究者将"压力性事件"操作化为"学业问题"和"人际

---

[1] Nock, M. K., "Why Do People Hurt Themselves? New Insights into the Nature and Functions of Self-Injury", *Current Directions in Psychological Science*, Vol. 18, No. 2, 2009, pp. 78 – 83.

[2] Weinberg, A., & Klonsky, E. D., "The Effects of Self-Injury on Acute Negative Arousal: A Laboratory Simulation", *Motivation and Emotion*, Vol. 36, No. 2, 2011, pp. 242 – 254.

问题"①，本书结果与之基本吻合。此外，还有研究者提到过自伤者在自伤前很短一段时间内，感受到一系列负性情绪，很多因素会促成这些感受的产生，其中最常见的是人际冲突、拒绝、分离或抛弃。② 而关于多重受挫，同样有研究者提出，自伤一般都是在一系列几乎一成不变的事件之后产生；这些情形可能是真实的，也可能是想象出来的（不一定有具体的事件）；一旦自伤变成一种习惯，很小的事件都可能会引发个体自伤。

总的来说，自伤者在自伤前一般是遭受了挫折。对于学生来说，常见的挫折主要来源于学业和人际。有些时候虽说并没有具体的事件，但是由于在某一段事件内压力堆积，导致其对某些很小的刺激都产生巨大的反应。实际上，这些事件囊括了个体在生活中会遇到的大多数事件，因此，对于自伤者来说，具体的事件可能并不太重要，重要的是这些事件给他们带来的心理感受。

## 二 心理状态

触发事件会导致个体处于某种心理状态。本书结果显示，在自伤前，自伤者均处于负性体验中；而且这一负性体验还具有两个明显的特征：一是强度大，二是存在一个逐渐恶化的变化过程。自伤前的心理状态可以大致用图 4-5 表示。

本书提取出了八种个体在自伤前的体验，这些体验与前人的研究基本一致。在 DSM-5 所建议的自伤诊断标准中，就包括"在自伤前的一小段时间内，出现人际困境或负性感受或想法，例如抑郁、焦虑、愤怒、广泛的痛苦或自我批评"。Nock 等人使用生态瞬时评估探

---

① Wong, S. Y. C., A Study of the Reasons and Functions of Non-Suicidal Self-Injury (NSSI) Among Students in Hong Kong and United Kingdom, UG dissertation, Lingnan University, 2012.

② Haines, J., Williams, C. L., Brain, K. L., & Wilson, G. V., "The Psychophysiology of Self-Mutilation", *Journal of Abnormal Psychology*, Vol. 104, No. 3, 1995, pp. 471 – 489.

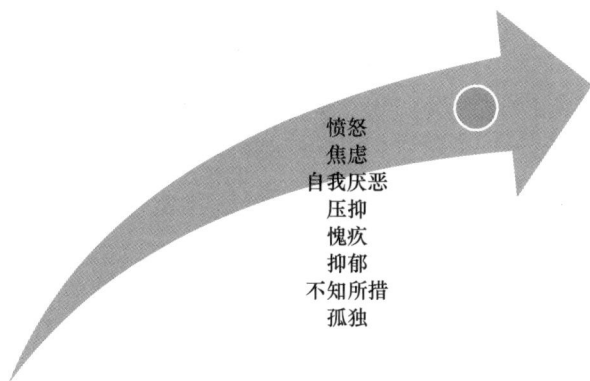

**图4-5　自伤前的心理状态**

讨了个体在自伤前的状态，结果显示，当个体感到悲伤/无价值、压力非常大或害怕/焦虑时，最容易出现自伤想法；进一步利用多重线性模型对数据分析显示，当个体感受到被拒绝、对自己的愤怒、自我憎恨、麻木、对他人的愤怒时，个体采用自伤的可能性显著增加；不过当个体感到悲伤/无价值时，自伤的可能性显著降低。[①]

对这些体验进行具体分析，可以发现除了一些比较笼统的感受（如："焦虑—烦躁""压抑"等）外，还有一些指向明确的感受。如"愤怒"中的"对自己的愤怒"和"自我不满—自我厌恶"，都是指向自我的负性感受；"愧疚—罪恶感"则是比较明确的针对他人产生的感受。这些有明确指向的感受除了包含情绪成分外，还包含一定的认知成分，即体现出了个人对自己的看法和对他人的看法。关于个体对自身的感受，前人研究表明，与非自伤者相比，自伤者报告更多的自我批评[②]；而且关于自伤者日常情绪的研究也表明，自

①　Nock, M. K., Prinstein, M. J., & Sterba, S. K., "Revealing the Form and Function of Self-Injurious Thoughts and Behaviors: A Real-Time Ecological Assessment Study Among Adolescents and Young Adults", *Journal of abnormal psychology*, Vol. 118, No. 4, 2009, pp. 816-827.

②　Claes, L., Soenens, B., Vansteenkiste, M., & Vandereycken, W., "The Scars of the Inner Critic: Perfectionism and Nonsuicidal Self-Injury in Eating Disorders", *European Eating Disorders Review*, Vol. 20, No. 3, 2012, pp. 196-202.

伤者体验到更多的负性情绪，特别是自我不满。[①] 在本书中，有6个人明确报告感觉到对自己很愤怒，有13个人表达出对自己感到不满或厌恶，这表明在自伤前，有很大一部分个体对自己产生了负性的情绪和看法。针对他人的感受包括：对他人的愤怒（11/18）和对他人感觉非常愧疚（8/18），值得注意的是，这两者虽然都是对他人的感受，但前者是将事件归因为他人而产生的情绪（如：对于父母不理解自己很生气），但后者则是将事件进行自我归因后产生（如考得太差，觉得对不起父母）。

对于为什么某些特定的情绪可能会导致自伤产生，有研究者猜测，可能是因为这些情绪的唤起更高，而这种高唤起会增加自伤的可能性。[②] 不过这可能并不适用于所有情绪，因为像"抑郁—难过"这类情绪，有研究者倾向于认为其是"低唤起"的。[③]

此外，几乎所有个案（17/18）都报告，他们在自伤前的情绪强度非常高，这一结果与前人关于自伤者情绪反应性的研究结论相呼应。"情绪反应性"主要是指个体对情绪的敏感性、情绪强度和情绪的持久性，前人研究表明，与非自伤者相比，自伤者具有更高的情绪反应性。一项研究显示，当面对刺激时，自伤者会报告更强烈的情绪唤起/强度，不过二者在实验数据上差异不显著[④]；但有研究采用皮电为指标进行实验研究，结果显示，在控制创伤后应激障碍、

---

① Victor, S. E., & Klonsky, E. D., "Daily Emotion in Non-Suicidal Self-Injury", *Journal of Clinical Psychology*, Vol. 70, No. 4, 2014, pp. 360 – 375.

② Nock, M. K., & Mendes, W. B., "Physiological Arousal, Distress Tolerance, and Social Problem-Solving Deficits Among Adolescent Self-Injurers", *Journal of Consulting and Clinical Psychology*, Vol. 76, No. 1, 2008, pp. 28 – 38.

③ Claes, L., Klonsky, E. D., Muehlenkamp, J., Kuppens, P., & Vandereycken, W., "The Affect-Regulation Function of Nonsuicidal Self-injury in Eating-Disordered Patients: Which Affect States are Regulated", *Comprehensive Psychiatry*, Vol. 51, No. 4, 2010, pp. 386 – 392.

④ Glenn, C. R., Blumenthal, T. D., Klonsky, E. D., & Hajcak, G., "Emotional Reactivity in Nonsuicidal Self-Injury: Divergence between Self-Report and Startle Measures", *International Journal of Psychophysiology*, Vol. 80, No. 2, 2011, pp. 166 – 170.

重度抑郁等变量后，自伤组与对照组在压力情境下的皮电水平仍然存在差异。[①] 因此，根据前人研究可以得出，当自伤者遭遇触发事件时，其产生的情绪强度可能高于非自伤者。本书则进一步提示，个体在自伤前是处于高情绪强度下，即对各个自伤者来说，其在自伤前的情绪强度要高于其他情形下的情绪强度。

还有个案（8/18）报告了自伤前的情绪变化过程，即情绪变得越来越糟糕，最终达到极点。这表明虽然个体在自伤前的情绪非常强烈，但这种高强度可能是逐步累加的结果。有研究者提出，个体在自伤前经历了一个"情绪级联"的过程，即对负性情绪性想法和感受的反刍提高了负性情绪水平，而这种负性情绪的增强又会使得对情绪性刺激的注意水平提升，从而导致更多的反刍；这种反刍和负性情绪的循环导致个体产生大量负性情绪性想法，从而不断增强个体的负性情绪，最终使得个体处于一种极端糟糕的状态。[②] 本书有 8 个个案报告了相同的过程，这表明对于某些自伤者来说，其在自伤前是经历了一个情绪逐渐增强的过程。不过另外 10 个个案并未提及这一过程，有一部分可能是因为在访谈时未进行充分的追问，导致一些个体虽然存在这一过程，但未能报告出来；但也有另一种可能，即对于某些自伤者来说，他们的情绪不是逐渐变坏，而是在短时间内就能达到高强度。

### 三　自伤动机

个体在体验到强烈的情绪感受之后，一般都希望通过某种方式来改善当前的处境，即产生行为的动机。由于本书中个体采取的行为就是自伤，因此本书关注的是哪些动机促使他们采取自伤行为。

---

① Nock, M. K., & Mendes, W. B., "Physiological Arousal, Distress Tolerance, and Social Problem-Solving Deficits Among Adolescent Self-Injurers", *Journal of Consulting and Clinical Psychology*, Vol. 76, No. 1, 2008, pp. 28 – 38.

② Selby, E. A., & Joiner, T. E., "Cascades of Emotion: The Emergence of Borderline Personality Disorder from Emotional and Behavioral Dysregulation", *Review of General Psychology*, Vol. 13, No. 3, 2009, pp. 219 – 229.

　　本书结果显示，自伤动机包括两个方面：个人层面和人际层面的动机。在个人层面，个体希望通过自伤来宣泄情绪、鞭策/提醒自己、转移注意，让自己清醒、自我惩罚、获得疼痛和展示力量。在人际层面，主要体现为希望通过自伤来处理人际问题，如控制父母、引起他人的注意等。这些动机与前人的研究基本一致，不过也存在某些差异。共同点在于：自伤的重要动机之一是调节情绪；此外，有自伤者是为了进行自我惩罚或是为了展示力量，还有自伤者希望通过自伤来控制他人或引起他人注意。而区别有以下几点：

　　1. 有自伤者提出希望通过自伤来鞭策/提醒自己。本书中有 9 个个案提到这一动机，主要表现为他们希望用自伤这种方式来让自己记住以后不要再犯同样的错误，或是鞭策、逼迫自己努力学习。这一动机在前人研究中很少被提到，笔者猜测这有可能是在东方文化背景下特有的一种动机。在中国，耻感文化是决定人们行为的重要心理因素。中国古代先秦时期所形成耻感文化——区别于西方建立于基督教基础上的罪感文化以及晚起的伊斯兰教文化——主要是通过儒家思想的传播而深入中国社会，影响着人们的行为选择和价值取向；耻感文化的重要特征之一是能激发人的一种奋斗精神①，如孔子有言："好学近乎知，力行近乎仁，知耻近乎勇"，其中，知耻居于最深层次，它对其他行为有着深刻的影响。对于有些自伤者来说，他们可能深受这种文化的影响，当面对外界挫折时，容易进行自我归因，进而产生强烈的愧疚—罪恶感，并通过自伤这种方式来激励自己继续奋斗。

　　2. 有个案提出是想通过自伤转移注意，让自己清醒。这是指他们当陷入负性想法或情绪中不能自拔时，会希望通过自伤来让自己的注意转移，使头脑变得清醒。这一动机和"宣泄情绪"实际上有相似之处，但它更偏重于认知方面。本书中，有 5 个个案报告在自伤前处于非常混乱的状态，他们希望通过自伤来让自己冷静下来，然后可以思考如何去解决问题。它和"宣泄情绪"一样，都是让个

---

　　①　胡凡：《论中国传统耻感文化的形成》，《学习与探索》1997 年第 1 期。

体从高唤起的状态中逃脱出来。

3. 还有自伤者提出，他们自伤是为了获得疼痛。前人针对疼痛与自伤的关系进行了大量研究，目前大家比较认可的结论是：自伤者之所以自伤，是因为他们的痛阈高，而且对疼痛的耐受性也高。但本书有 5 个个案明确提出，他们想要自伤，是因为想获得疼痛。这说明疼痛与自伤可能存在另一种关系：自伤者选择自伤，是因为他们需要疼痛。本书中有个案表示，自身实际上很怕疼，但在情绪不好时还是非常想让自己疼，当对疼痛的需要比对疼痛的恐惧更强烈时，就会采取自伤行为。因此，这就提示有些自伤者并非是感受不到疼痛，而是需要疼痛。因此，"获得疼痛" 也是个体自伤的动机之一。

实际上，这一动机和个人层面的其他几个动机的关系非常密切。关于自伤作用机制的研究曾表明，自伤可以作为一种 "分心" 方式，让个体将注意力从不好的想法/感受转移到身体的感觉上，使个体从厌恶的想法和感受中逃脱出来。[①] 因此，疼痛可以说起到了一种中介的作用，个体通过 "获得疼痛"，最终达到宣泄情绪、让自己清醒等目的。

自伤动机以及各动机之间的关系大致如图 4 - 6 所示。

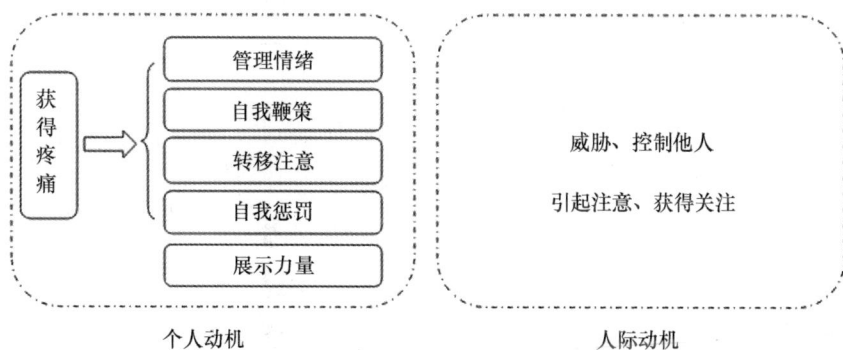

图 4 - 6　自伤动机之间的关系

①　Najmi, S., Wegner, D. M., & Nock, M. K., "Thought Suppression and Self-Injurious Thoughts and Behaviors", *Behaviour Research and Therapy*, Vol. 45, No. 8, 2007, pp. 1957 - 1965.

#### 四　方式选择

个体在自伤动机的驱使下出现自伤行为。但实际上，有很多非自伤的方式可以帮助个体达到这些目的，如：可以通过运动来宣泄情绪，通过谈话来解决人际问题。可是，为什么自伤者偏偏就选择了自伤这种方式？

目前针对这一问题的研究相对较少。Nock 在总结前人研究的基础上提出了六种假说，以解释为什么个体选择自伤而不是其他病理性行为来调节情绪和社会体验：社会学习假说、自我惩罚假说、社会信号假说、实用主义假说、痛感缺失假说、内隐认同假说。[①] 本书从两个方面（支持选择自伤的因素，限制其他方式的因素）更详细地回答了该问题，研究结果支持了 Nock 的某些假说，但总的来说与其存在较大差异（见图 4 - 7）。

（一）支持选择自伤的因素

1. 自伤"优势"

对大部分自伤者来说，之所以选择自伤，是因为他们认为自伤是一种好的行为。在本书的 18 个个案中，有 16 个对自伤有积极评价，他们表示，选择自伤是因为在当时的情形下，自伤优于其他方式。这一发现支持了"内隐认同假说"，即某些个体在采用自伤后，会对这一行为产生认同，将自伤看作一种达到自伤功能的有效方式。[②]

本书中，有 11 个个案认为自伤"有效"，即帮助他们有效地处理当下的情绪或成功引起他人的注意。当其他方式难以达到他们的

① Nock, M. K., "Why Do People Hurt Themselves? New Insights into the Nature and Functions of Self-Injury", *Current Directions in Psychological Science*, Vol. 18, No. 2, 2009, pp. 78 - 83.

② Nock, M. K., & Banaji, M. R., "Assessment of Self-Injurious Thoughts Using a Behavioral Test", *The American Journal of Psychiatry*, Vol. 164, No. 5, 2007, pp. 820 - 823.

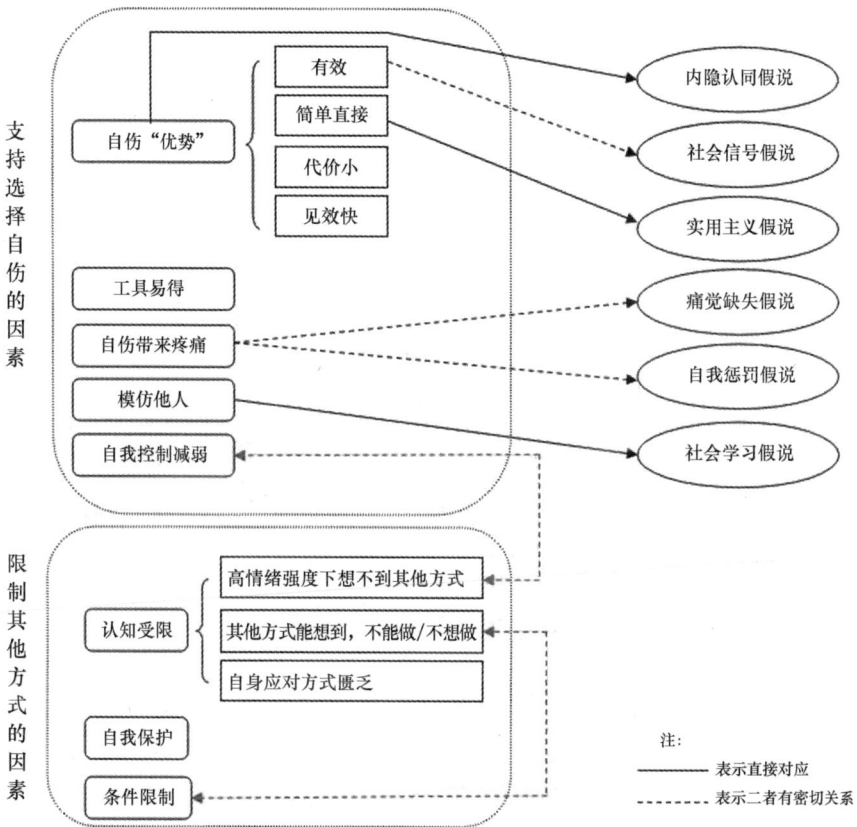

**图 4-7　与 Nock 提出的自伤特殊因素的对比**

目的时，自伤作为一种有效的方式，自然会成为自伤者的首选。这一原因和"社会信号假说"存在某些相似之处。"社会信号假说"认为，高强度或高代价的行为（如：自伤）比低强度或低代价的行为，更能引发所期待的他人的反应。因此，自伤可能比其他温和的方式能更有效地引发其所期待的他人的反应。同理可以推测，当温和的方式难以让个体满足其个人动机（如：宣泄情绪）时，他们就会选择代价更高而更有效的方式。

有 11 个个案认为自伤简单直接，实施起来最方便。例如，如果想通过写日记或运动来宣泄情绪，还需要准备好相关的物品，而大多数自伤行为则不需要借助这些工具（如：捶墙、打自己）。这与"实用主义假说"一致，即在能提供所需要功能的行为中，自伤是最快和最方便的方法。因此，若个体急于从强烈的负性感受中逃脱，或是刚好没有现成的可以让他们调节情绪的工具，他们可能就倾向于选择实施起来最为简单直接的自伤行为。

有11个个案表示，选择自伤还因为其"代价小"。在非自伤的大多数人眼中，自伤会伤害到自己的身体，是代价非常高的行为；但是，对许多自伤者来说，相对于其他可能的方式，自伤的代价最小。例如，在遭遇严重的人际挫折时，个体可能会觉得非常愤怒，但是自伤者会认为，此时若攻击对方，会给自己带来更严重的后果；还有的自伤者认为相比其他行为，自伤对自己的影响最小：当心情不好时若选择喝酒，则会影响自己在之后很长一段时间内做事的状态，但伤害自己则不会带来这些后遗症，在伤害自己后可以继续做手头的事情；还有非常关键的一点，即自伤者认为自伤给自己带来的伤害是会痊愈的。所以总的来说，在自伤者心中，自伤是一种代价很小的行为，这就导致他们觉得选择自伤并不存在什么问题。

有4个个案提出了自伤的另一个"优点"：见效快。这些自伤者提出，相比其他更为温和持久的方式（如：写日记），自伤可以让他们瞬间从不好的状态中逃离出来。这与前人研究结果一致，即自伤至少在短时间内可以迅速减轻情绪痛苦。[1] 而且根据情绪级联模型，自伤作为一种"分心"方式，可以帮助个体迅速将注意从不断积累的消极情绪转移到与自伤相关的感觉中。[2] 此外，前人研究显示，自

---

① Chapman, A. L., Gratz, K. L., & Brown, M. Z., "Solving the Puzzle of Deliberate Self-Harm: The Experiential Avoidance Model", *Behaviour Research and Therapy*, Vol. 44, No. 3, 2006, pp. 371 – 394.

② Selby, E. A., Franklin, J., Carson-Wong, A., & Rizvi, S. L., "Emotional Cascades and Self-Injury: Investigating Instability of Rumination and Negative Emotion", *Journal of Clinical Psychology*, Vol. 69, No. 12, 2013, pp. 1213 – 1227.

伤者对痛苦的忍受程度比较低①，因此，对于这些个体来说，当他们急需终止负性感受时，就倾向于选择自伤这种见效更快的方式。

总之，对于自伤者来说，他们选择自伤最普遍的原因是这些行为能给他们带来某些特殊的获益。这就使得他们对自伤的评价比较正面，进而对自伤产生认同，最终导致个体在需要达到某些目的时，更倾向于选择自伤行为。

2. 工具易得

客观环境对个体行为的选择也有重要影响。本书中，有 11 个个案提到当时的客观条件便于实施自伤行为。从本书结果来看，当个体产生高强度的负性体验时，若刚好看到可用于自伤的工具（如：刀片），则其实施自伤的可能性更大。

3. 自伤带来疼痛

有 9 个个案报告，他们选择自伤是因为自伤能带来疼痛。这一原因与"获得疼痛"这一自伤动机相对应。相比其他方式，自伤确实最能满足自伤者的这一动机，所以当个体需要疼痛时，自伤是他们最自然的选择。

此外，该原因与 Nock 的"痛觉缺失假说"和"自我惩罚假说"存在一定关系。

本书中并未得出个体选择自伤是因为"痛觉缺失"，相反，他们选择自伤是因为自伤"能带来疼痛"。这可能由两种原因造成，一是因为对于自伤者来说，"痛觉缺失"和"需要疼痛"在他们身上都存在，"痛觉缺失"是他们的特征之一，这使得他们不害怕自伤。但当在具体情境中，他们在自伤前更多是"需要疼痛"，因此，他们此时会选择自伤并非是因为他们感觉不到疼，而是因为需要自伤带来的疼痛。二是因为本书中的个案来自于普通大学生，他们的病理性

---

① Nock, M. K. , & Mendes, W. B. , "Physiological Arousal, Distress Tolerance, and Social Problem-Solving Deficits Among Adolescent Self-Injurers", *Journal of Consulting and Clinical Psychology*, Vol. 76, No. 1, 2008, pp. 28 – 38.

程度相对来说较轻，因此，"痛觉缺失"在他们身上可能体现得不够明显，这就导致"自伤能带来疼痛"这一因素凸显出来。

"自我惩罚假说"认为，自伤是一种个体习得的指向自我的虐待。在本书中，"自我惩罚"更多体现的是个体自伤的动机，它是导致个体自伤的重要原因，但不能说明为什么个体选择了自伤（如："强迫自己做不喜欢的事"也是一种自我惩罚）。而此处的"自伤能带来疼痛"则能比较清晰地说明个体选择自伤的原因：个体希望能够惩罚自己，而自伤所产生的疼痛就是对自己的惩罚。所以，疼痛是个体达成自我惩罚的手段，也是他们选择自伤的原因之一。

4. 模仿他人

有些个案选择自伤是因为受了他人的影响。他们曾经看到影视作品中的人物或身边的人有伤害自己的行为，所以会去尝试相同的行为。这一结果与"社会学习假说"相一致，即大部分自伤者是从朋友、家人和媒体中习得该行为。有研究者采用纵向研究探讨了同伴影响与青少年自伤的关系，结果发现，在控制抑郁症状和不良冲动行为之后，个体最好的朋友的自伤行为能显著预测该个体的自伤行为；青少年同伴团体中自伤的情况也能显著预测青少年个体的自伤情况和频率。[1] 在当前社会中，由于网络的广泛使用，这一导致个体选择自伤的因素可能会更加突出，网络中涌现出的大量与自伤有关的内容可能会使得更多的个体模仿自伤行为。

5. 自我控制减弱

自伤者在大多数情况下都不会自伤，但当处于高强度的负性情绪中时，他们的自伤行为更容易出现。有个案报告，他们之所以会选择自伤，是因为在高情绪强度下他们对自伤的恐惧降低，平时不敢做的行为在此时也会出现。

---

① You, J., Lin, M. P., Fu, K., & Leung, F., "The Best Friend and Friendship Group Influence on Adolescent Nonsuicidal Self-Injury", *Journal of Abnormal Child Psychology*, Vol. 41, No. 6, 2013, pp. 993 – 1004.

这有助于理解为什么个体在高情绪强度下会自伤。有研究者认为，这是因为自伤者的痛苦容忍度比较低，因此，当产生高情绪唤起时，他们需要用自伤帮助自己从强烈的负性体验中逃脱出来。[1] 不过本书提供了另一种视角，即这还有可能是因为事件所引发的高情绪强度使得他们对自伤的恐惧消失，这就使得他们更容易采取自伤行为。

### （二）限制其他方式的因素

#### 1. 认知受限

当问及为什么他们没有选择其他方式时，绝大多数自伤者提到了"受限"这种主观感受。首先，当处于高情绪强度下时，他们想不到其他方式。自伤者描述，在当时的情形下，他们根本就想不到还能做其他什么。这就提示，在高情绪强度下，他们的社会问题解决能力可能受到了影响。关于自伤者的社会问题解决能力，有研究者认为，自伤者是因为在应对和问题解决上缺乏技能，才会使得他们易于将自伤作为应对策略。[2] 但本书强调了自伤者的这种缺乏可能是在高情绪强度下表现得更为明显。此处再次强调了高情绪强度的重要作用，即在高情绪强度下，自伤者出现认知受限，具体表现为他们难以想到其他的应对方式，只好选择用自伤来应对。

其次，有 11 个个案提到，有些时候能够想到其他的方式，但无法实施。这点和"客观条件限制"有相似之处，但更多的是强调个体主观上对自己的限制。例如，有时候自伤者能想到倾诉会缓解情绪，但是担心自己的负性情绪会让朋友远离自己；有的知道摔东西可以让自己平静下来，但又害怕这些行为会给自己带来更多麻烦。由此可以看出，这些自伤者在进行行为选择时，可能会有诸多顾虑。

---

① Chapman, A. L., Gratz, K. L., & Brown, M. Z., "Solving the Puzzle of Deliberate Self-Harm: The Experiential Avoidance Model", *Behaviour Research and Therapy*, Vol. 44, No. 3, 2006, pp. 371 – 394.

② Haines, J., & Williams, C. L., "Coping and Problem Solving of Self-Mutilators", *Journal of Clinical Psychology*, Vol. 59, No. 10, 2003, pp. 1097 – 1106.

虽然目前有许多研究表明，自伤者的冲动性高且在冲动控制上存在问题。[1] 但本书结果提示，可能会存在这样一类自伤者，他们并非是高冲动性的人，而是在行为选择之前经过了"深思熟虑"，从而选择了自伤这种在他们看来最合适的方式。

最后，有少数个案认为是因为自身的应对方式匮乏导致他们无法选择其他方式。这与前人关于自伤者应对策略的研究一致。目前研究者普遍接受自伤者是将自伤作为一种调节情绪的策略，而自伤者是因为缺乏有效的应对方式才使用自伤来进行应对。不过，本书中只有 4 个个案提到了这一原因，这可能说明，对于大部分自伤者来说，他们并不一定是真的缺乏有效的应对方式，而主要是因为在高情绪强度下，他们难以想到有效的应对方式（即"高情绪强度下想不到其他方式"）。

2. 自我保护

前面的部分主要是在说明自伤者为什么没有选择更健康的方式，但在本书中，有许多自伤者主动提到问题的另一个方面：为什么没有选择更危险的方式（如：自杀）。他们表示，虽然会伤害自己，但是他们在心里能很清晰地把握住伤害的"度"，即绝对不会给自己带来真正的危险。这一结果再次强调了自伤和自杀的区别，即这二者最主要的差异体现在：自伤是求生，而自杀是求死。[2] 所以，自伤者的自我保护意识至少在某种程度上保证了他们人身安全。因此，在对自伤者进行干预时，要尤其注意了解其在自伤时是否具有自我保护意识，从而迅速鉴别出其究竟是自伤还是企图自杀，并进行有针对性的干预。

3. 条件限制

有近一半的个案提到当时之所以没选其他方式，是因为受到客

---

[1]  于丽霞、凌霄、江光荣：《自伤青少年的冲动性》，《心理学报》2013 年第 3 期。

[2]  江光荣等：《自伤行为研究：现状、问题与建议》，《心理科学进展》2011 年第 6 期。

观环境的限制。当客观环境不支持他们选择其他方式时，个体就只能自伤。有研究者曾要求自伤者记录当产生自伤想法但未实施自伤行为时，他们是怎么做的。自伤者报告，除了试图转换想法之外，他们会采取一些可以让他们分心的行为，如和他人交谈、外出、做家庭作业或使用电脑。[①] 这些分心行为都需要一些客观的支持才能完成。当外界不具备这些条件，如晚上不方便外出、身边没有可以交流的人时，个体就更可能会自伤。

## 五　启示

本书通过对 18 名自伤者的访谈材料进行质性分析，对自伤发生前的情况有了进一步的了解，并对相应的近端影响因素有了更多认识。从临床上来看，该研究提示：（1）在对自伤者进行干预时，要对其在自伤前的情形进行详细了解，从事件、感受、动机、选择自伤的原因等多个角度来全面理解其自伤背后的心理意义，这样有利于治疗师了解其问题所在并快速锁定相关问题进行深入探索。（2）对于不同的自伤者，要确立不同的治疗目标。目前在对自伤者进行干预时，核心的治疗目标等都是当事人的情绪管理障碍。但本书结果显示，不同自伤者的自伤动机往往不同，在选择自伤的原因上也存在很大差异，因此，有必要根据具体情况设定不同的核心治疗目标。

从研究的角度来看，本书对自伤的近端影响因素进行了初步的探索，后续可以根据本书的一些发现，采用定量方法进行进一步研究。例如，研究者都认同自伤者在自伤前体验到高情绪唤起，而且针对自伤的高情绪反应性进行了大量研究，但本书结果显示，自伤者"只有在特别特别烦躁时才会（自伤）"，因此，后续研究可以尝

---

① Nock, M. K., Prinstein, M. J., & Sterba, S. K., "Revealing the Form and Function of Self-Injurious Thoughts and Behaviors: A Real-Time Ecological Assessment Study Among Adolescents and Young Adults", *Journal of Abnormal Psychology*, Vol. 118, No. 4, 2009, pp. 816 – 827.

试了解，当自伤者的情绪达到什么强度才会选择自伤行为；此外，本书也初步探讨了个体为什么偏偏选择了自伤，可以在后续对相关因素（如：高情绪强度、认知受限）进行检验。最后，可以尝试了解自伤是否在不同文化中存在不同，目前研究探讨了自伤在不同种族中发生率的差异，但较少进行更深入的研究，但本书就发现在西方未提及的自伤的自我鞭策功能。不过，关于中国自伤者是否具有某些独有的特征，还需要更多的研究检验。

## 六　局限与展望

本书采用质的研究方法探讨了自伤的发生过程，并着重了解个体为什么偏偏选择了自伤行为。研究得到了一些有意义的结果，但也存在一些局限。

（一）本书样本均是普通大学生，个体的自伤程度普遍低。有些个案虽然在自伤问卷上得分很高，但在具体访谈时发现其自伤程度并不算严重。所以本书中的自伤大多数病理性程度不高，这就造成某些特征未能体现出来（如：自伤的对抗分离功能）。在以后的研究中，可以考虑纳入更多自伤更为严重的个案，增加样本的代表性。

（二）具有人际动机和人际功能的自伤行为较少。虽说有 8 个个案提到了自伤的人际动机，但将其作为自伤首要动机的只有 1 人。虽然这与前人研究一致，即自伤的主要功能是调节情绪，且一般是多种自伤功能同时出现。但在后续的研究中，可以增加使用自伤来达到人际目的的个案数量，从而加深对这一类自伤者的认识。

（三）由于社会称许性的影响，某些个案可能隐藏了部分信息。研究者发现在访谈开始阶段，有些自伤者会否认其在问卷上呈现的某些自伤情况，但随着访谈的深入，会发现他们所否认的部分是存在的。虽然随着关系的建立，个案会表露得更多，但仍能明显感觉某些高防御的自伤者在提供信息时有所保留。因此，在以后可以考虑在正式访谈前通过某些方式先和个案建立好关系，这样有助于更有效地取得深入真实的材料。

# 第 五 章

# 自伤关键影响因素的量化研究

质性研究结果显示,在自伤的影响因素中,有几个变量非常具有代表性,且在前人研究中较少涉及:高情绪强度,对自伤的态度,自伤的"优势",认知受限。因此,本书将在后续对这四个变量与自伤的关系分别进行量化检验。

(1)情绪强度对自伤者情绪调节方式的影响

由于自伤本质上是一种适应不良的情绪调节方式,因此本书将比较自伤者在不同情绪强度下的反应,探索是否自伤者在高负性情绪下会倾向于选择自伤行为,而在低负性情绪下不会产生这种倾向。实验思路为:唤起一组自伤者的高负性情绪,要求这些被试对不同的情绪调节方式(自伤方式 & 其他方式)进行反应,比较被试对自伤和对其他方式的反应;对另一组自伤者,唤起其低负性情绪,要求其完成同样的任务,也将其对自伤和其他方式的反应进行对比。

(2)自伤者对自伤行为的内隐态度

质性研究结果表明,自伤者对自伤行为的态度更积极,更为接纳。研究显示,态度与行为之间关系极为密切,它可以在一定程度上预测行为。因此,本书探讨自伤者对自伤行为的内隐态度,比较自伤自愈者、自伤者和非自伤者对自伤行为的态度是否存在差异,以了解是否与自伤行为的产生及消失关系密切。

（3）自伤者不同情绪调节方式的调节效果比较

质性研究结果显示，自伤者可能并不认为自伤是不好的行为，相反，他们认为自伤相比其他方式具有更多的"优势"，且其最大的"优势"可能体现在：相比其他情绪调节方式，自伤能更快、更有效地帮助他们平静下来。因此，个体会选择自伤而非其他行为，可能是因为相比其他方式，自伤能更有效地帮助个体达到自己的目的。因此，本书将比较自伤与其他调节方式的差异，探讨是否自伤可以使自伤者更快地降低负性情绪、更有效地降低自我关注水平。具体操作为，将自伤（疼痛）与其他情绪调节方式（听音乐）进行比较，采用调节时间与自我关注两个变量作为因变量指标。

（4）自伤者的社会问题解决技能

根据质性研究的结果，自伤者不采用其他方式最主要的原因是认知受限，即难以想到合理的应对方法。因此，本书将考察自伤者在面对问题情境时（尤其是在高负性情绪下）是否表现出认知受限，具体操作为，比较自伤者与非自伤者在社会问题解决能力上的差异，并探讨在高负性情绪下，这一差异是否增大。

# 第一节　情绪强度对自伤者情绪调节方式的影响（研究二）

## 一　问题提出

前人的文献和研究一的结果表明，个体在多种因素的共同作用下产生自伤行为：某些事件导致个体产生强烈的负性情绪，个体为应对这些感受而产生行动的动机；此时，个体在过去经验、当下的处境等因素的作用下，选择了自伤而不是其他行为。研究一对这一过程中涉及的关键因素进行了详细的质性分析，后续研究将在此基础上，对可能导致个体选择自伤行为的某些因素进行量化检验。

研究一提示，几乎所有个体（17/18）在自伤前都体验到强烈的负性情绪或感受，管理这些负性情绪则是个体自伤最主要的动机（16/18）。不过前文的文献回顾显示，目前很少有研究直接探讨高情绪强度与自伤行为之间的关系。前人的理论和研究多强调自伤者可能具有高情绪反应性这一特征。体验回避模型认为，尽管情绪强度并非是自伤的充分条件，但情绪强度更高的个体，在将来自伤的可能性更高——此处的"高情绪强度"是自伤者可能具有的一种特征。有研究表明，自伤者在《情绪反应性量表》上的得分高于非自伤者，即自伤者在情绪敏感性、唤起度和持久性上均高于非自伤者，这表明，当自伤者在面对情绪性事件时，可能会产生比非自伤者更强烈的情绪反应。[1] 根据这些研究可以推论，由于自伤者具有高情绪反应性，因此他们在面对情绪性体验时，会比非自伤者产生更强烈的情绪。

此外，对自伤前的情绪进行分析后发现，自伤可能最主要是由减轻高唤起负性情绪状态的渴望所引发，如沮丧、焦虑等；而不是低唤起的消极情绪状态，如悲伤、孤独等。[2] 本书研究一表明，尽管不同个体在自伤前体验到的负性情绪可能各不相同，包括愤怒、焦虑、抑郁、孤独等；但无论他们产生的是何种负性情绪，这些情绪在当时的强度均较高。这意味着，不是任何情绪，而是高强度的负性情绪才会使得个体自伤。根据自伤者的描述，他们只有在"特别烦躁"或是"情绪低落到极点"等情况下才会自伤；若体验到的是较低强度的负性感受，他们很可能会采用其他更温和的方式来进行自我调节。

基于以上分析，本书拟考察高情绪强度与个体自伤行为之间的

---

① Glenn, C. R., & Klonsky, E. D., "One-Year Test-Retest Reliability of the Inventory of Statements about Self-Injury (ISAS)", *Assessment*, Vol. 18, No. 3, 2011, pp. 375 – 378.

② Klonsky, E. D., "The Functions of Self-Injury in Young Adults Who Cut Themselves: Clarifying the Evidence for Affect-Regulation", *Psychiatry Research*, Vol. 166, No. 2, 2009, pp. 260 – 268.

关系，探讨是否高强度的负性情绪会使自伤者选择自伤行为。

## 二　研究目的

考察情绪强度对自伤者选择情绪调节方式的影响，了解是否在高强度的负性情绪下，自伤者倾向于选择自伤行为。

## 三　研究设计

本书总的思路为：比较自伤者在不同情绪强度下的反应，观察是否自伤者在高情绪强度下倾向于选择自伤行为，而在低情绪强度下倾向于选择其他行为。本书将目标行为设定为自伤和其他情绪调节方式（如：听音乐），是因为对于大多数自伤者来说，自伤属于其情绪调节方式的一种。总的实验思路为：唤起一组自伤者的高负性情绪，要求这些被试对不同的情绪调节方式（自伤方式 & 其他方式）进行反应，比较被试对自伤和对其他方式的反应；对另一组自伤者，唤起其低负性情绪，要求其完成同样的任务，也将其对自伤和其他方式的反应进行对比。

实验采用 2 × 4 混合实验设计。

自变量：组间变量为情绪强度（高强度、低强度）；组内变量为情绪调节方式（常用普通情绪调节方式、不常用普通情绪调节方式、常用自伤方式、不常用自伤方式）。

因变量：被试对不同情绪调节方式的反应。

自变量的操作化：①情绪强度：采用视频唤起被试的负性情绪，根据被试报告的情绪强度，将被试划分为高强度组和低强度组。②情绪调节方式：用不同的情绪调节方式词来代表不同的情绪调节方式，根据被试的自我报告，确定每个被试的四类情绪调节方式。

因变量的操作化：实验采用情绪 Stroop 范式。根据情绪 Stroop 范式的假设，与被试相关的内容会导致较高程度的激活，因此有较高程度的干扰。对本实验来说，若被试习惯于采用某种情绪调节方式，则其在判断该情绪调节方式词的颜色时所受的干扰更大，导致反应时更长，错误率更高。因此，被试对每类词汇的反应时和正确率代表了被试对不同情绪调节方式的反应。

### 四　研究假设

根据研究一的结论可以得出，自伤者在一般的负性情绪下不会自伤，而在高负性情绪下可能会自伤。因此，在低负性情绪下，自伤者会选择其常用的情绪调节方式（如：听音乐）调节自身情绪；而在高负性情绪下，则倾向于选择用其常用的自伤方式。具体表现为：

1. 在低负性情绪下，自伤者对常用情绪调节方式词的反应时最长。

2. 在高负性情绪下，自伤者对其常用自伤方式词的反应时最长。

3. 在低负性情绪下，自伤者对各类情绪调节方式词的反应正确率无显著差异。

4. 在高负性情绪下，自伤者对各类情绪调节方式词的反应正确率无显著差异。

### 五　研究方法

（一）被试

采用整群抽样法，在武汉市某大学发放《自伤行为问卷》1800份，回收1625份，剔除掉问卷漏答率大于15%以及问卷中明确表明其存在自杀意图的问卷，最终得到有效问卷1511份。其中，自伤次数在1次及以上者共786人，占52.02%；自伤问卷得分在1分及以上者共591人，占39.11%。与研究一类似，本书按照三种标准对自伤者进行筛选：（1）按照前人标准，问卷得分在10分或以上；（2）结合DSM-5建议的诊断标准，问卷得分为6—9分，但至少有一种自伤行为的发生次数在5次及以上；（3）被试的自伤动机包括情绪调节。被试需要满足条件（1）和（2）中的任一条，并同时满足条件（3）。因此，本书筛选出的被试均会将自伤作为情绪调节的方式。

研究者用电话、短信邀请筛出者参加实验，最终有50位同学接受邀请。所有被试均签署知情同意书，实验结束后每名被试获得精美礼物一份。

实验中有1位同学因在正式实验阶段的错误率过高而未将其纳入分析，最终进入统计分析的有49人，其中男生29名，女生20名。被试年龄为17—24岁（$M = 19.29$，$SD = 1.22$）。

本书根据被试观看视频后自我报告的情绪强度对被试进行分组，若被试在观看视频后的情绪强度≥3（较强强度），则其为高强度组；得分≤2，则其进入低强度组。按照这一标准，高强度组有被试29人，低强度组有被试20人，被试的基本情况如表5-1所示。

表5-1 被试基本信息

| 分组 | $N$ | 性别 | | 年龄 |
|------|-----|------|------|------|
| | | 男（$N$） | 女（$N$） | |
| 低强度组 | 20 | 11 | 9 | 19.20 ± 0.77 |
| 高强度组 | 29 | 18 | 11 | 19.34 ± 0.47 |
| 总计 | 49 | 29 | 20 | 19.29 ± 1.22 |

（二）研究工具

1. 情绪诱发材料

本实验采用视频诱发被试的负性情绪。因为研究表明，总的来说，自伤带来的情绪改变都是负性情绪的改变，主要表现为从高负性情绪到低负性情绪；此外，不考虑积极情绪是因为大量证据表明，自伤带来的积极情绪可能主要是通过低唤起负性情绪的增强造成的，而不是通过积极唤起的变化[1]。

---

[1] McKenzie, K. C., & Gross, J. J., "Nonsuicidal Self-Injury: An Emotion Regulation Perspective", *Psychopathology*, Vol. 47, No. 4, 2014, pp. 207–219.

研究表明，与图片、文字等刺激材料相比，视频呈现的是动态刺激，综合了视觉、听觉等刺激材料的特点，能更好地诱发情绪。[①]本实验选用的视频片段来自电影《唐山大地震》，视频时长为 7′54″。在正式实验前，研究者针对该视频片段在大学生中进行了预实验，结果表明，该视频能明显诱发被试产生负性情绪体验。

2. 主观情绪报告表

《主观情绪报告表》用于测量被试在观看视频前后的情绪种类及强度。该量表包括 7 种情绪，要求对每种情绪进行 0（没有）到 5（极度强烈）级评分。[②] 原量表包含 2 种正性情绪和 5 种负性情绪，因为本书关注的是个体在自伤前的感受，所以本书中所使用的《主观情绪报告表》根据研究一的结果进行了适当调整，要求被试对自伤前常见的 8 种负性感受类型进行评定。

3. 生物反馈仪

目前，生物反馈技术已经广泛应用于情绪的研究中，因为生理指标变化与情绪体验的强度之间存在一致性。[③] 因此，本书除采用被试的主观报告外，还使用生物反馈仪来记录被试在观看视频前后的生理指标变化情况，以更好地对个体的情绪变化情况进行监控。

本书使用 Thought Technology 公司生产的生物反馈仪，该仪器可监测多个生理指标，且具有抗干扰能力强、反应灵敏度高、方便携带使用等优点；其配备的对应平台软件 BioNeuro Infiniti 可以用来记录一段时间内的生理数据并导出各指标的平均值。

前人研究常采用皮电（Skin Conductance，SC）和血容量搏动（Blood Volume Pulsation，BVP）来作为情绪变化的参考值。研究显

---

① 周萍、陈琦鹏：《情绪刺激材料的研究进展》，《心理科学》2008 年第 2 期。

② 李静、卢家楣：《不同情绪调节方式对记忆的影响》，《心理学报》2007 年第 6 期。

③ 张奇勇、卢家楣：《先入观念对情绪感染力的调节——以教学活动为例》，《心理学报》2015 年第 6 期。

示，皮电与情绪唤醒程度密切相关[①]；血容量搏动是手指指端血流量变化的相对值，其变化受交感和副交感神经共同支配，可以作为自主神经系统活动的指标，其值越高，说明交感神经起支配作用[②]，所以这一指标可以作为反映情绪唤醒程度的敏感性生理指标。因此，本书也选择记录 SC 和 BVP 这两个指标。在测量皮电时，将电极固定在被试左手的食指和无名指上，通过测量皮肤表面的导电性反映个体情绪的变化。情绪波动时，皮电升高；情绪平静时，皮电降低。环境因素和皮肤类型的不同所测量到的皮电数值会有很大差异。测量血容量搏动时，将传感器固定在左手中指上，通过测量血液流动变化中反射红光的情况，可以反映交感神经的兴奋情况。个体交感神经兴奋时，心跳变快导致体内血液流动变快，红光反射增多；个体交感神经平静时，心跳变缓导致体内血液流动变慢，红光反射减少。

4. Stroop 任务

本书采用改良的情绪 Stroop 任务。该任务以不同的情绪调节方式为刺激词，要求被试对这些词汇进行颜色判断。实验程序采用 E-prime 2.0 编制，在计算机上呈现。已有研究证明该 Stroop 任务的有效性。[③]

任务内容：呈现一个 " + " 500ms，然后呈现一个用黑笔写的颜色词（如红色），呈现时间为 800ms，紧接着是 200ms 的空白，然后呈现目标词，被试的任务是判断目标词是否和前面呈现的颜色词的颜色一致，并按键反应，目标词直到被试作出判断后消失（见图 5 – 1）。

---

① 李芳、朱昭红、白学军：《高兴和悲伤电影片段诱发情绪的有效性和时间进程》，《心理与行为研究》2008 年第 1 期。

② 刘可愚、宋新涛、李红政等：《不同心理素质水平军人对恐惧情绪的原因调节和反应调节特点》，《第三军医大学学报》2012 年第 3 期。

③ 鲁婷、江光荣、于丽霞等：《自伤者对不同情绪调节方式的注意偏向》，《中国临床心理学杂志》2013 年第 3 期。

在正式实验开始之前被试先进行练习，练习阶段的目标词为 10 个与情绪调节无关的中性词汇（颜色词）：桌子、茶几、沙发、鼠标垫、台灯、学习、衣服、计算机、电话、椅子。练习词汇的成绩不计入正式实验。

正式实验阶段的目标词为：情绪调节方式词汇（20 个），自伤词汇（10 个）。为了避免练习、疲劳等因素可能导致的反应倾向，词汇的呈现程序是随机的。每组内的词汇呈现两次，颜色一致和不一致的比例为 1∶1。

目标词的获得：研究者邀请 78 名大学生提供词汇，请他们每个人写出与改善情绪体验/感受相关的 20 个词汇。从得到的所有词汇中选取出现频率较高的情绪调节方式词 34 个，再邀请 31 位心理学研究生对这些词汇进行评定，请他们挑选出认为可以有效调节情绪的 20 个词语。最终按照每个词语被选中的频率高低，得到 20 个常用的情绪调节方式词汇：倾诉、哭泣、旅游、泡澡、听音乐、做运动、唱歌、看电影、逛街、散步、吃东西、睡觉、吼叫、深呼吸、打扫、拥抱、上网、写日记、练瑜伽、阅读。在实验结束后，要求被试填写一份小问卷，从这 20 种情绪调节方式中挑选出自己最常用的方式。挑选出的词汇就作为该被试常用的普通情绪调节方式，未被挑选的就是其不常用的普通情绪调节方式。

然后根据《青少年自我伤害行为问卷》中的项目，挑选出 10 个自伤词汇：咬自己、抓自己、扎自己、打自己、烧自己、撞墙、扯头发、掐自己、烫自己、割自己。同样，在实验结束后，被试需要挑选出其常用的自伤方式作为其"常用自伤方式"，未挑选的是其"不常用自伤方式"。

5. 自编问卷

被试在完成 Stroop 任务过程中需要完成两个自编问卷。问卷①在练习阶段后完成，内容为要求被试判定某些词汇在刚才的任务中是否出现。该问卷是为了防止被试在进行颜色判断时只关注颜色而不注意词义。问卷②在 Stroop 任务结束后填写，被试需要从 20 种情

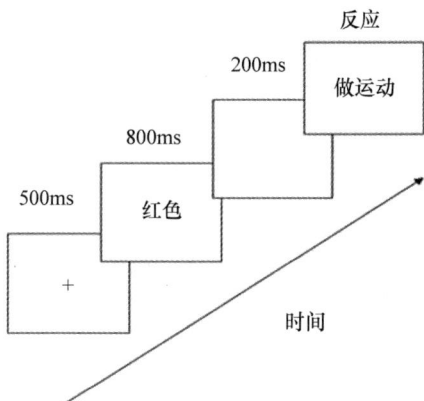

图 5 - 1　Stroop **任务实验示意**

绪调节方式中挑选出其常用的普通情绪调节方式（以下简称常用普通方式），未被选择的则是其不常用的普通情绪调节方式（以下简称不常用普通方式）；同时，被试还需要从 10 种自伤方式中挑选出其常用的自伤方式，未选择的是其不常用的自伤方式。

（三）研究程序

被试按照约定时间来到心理学实验室后，主试简单介绍实验任务和流程，被试填写知情同意书。主试安排被试坐在电脑前，将生物反馈仪的传感器连接到被试的左手食指、中指和无名指的指腹（记录 SC 和 BVP 数据），并要求其在实验过程中保持坐姿舒适，身体尽量不要动。

之后进入 Stroop 任务练习阶段。程序设定为，当被试对练习阶段的反应正确率达到 80% 以上时，可以确定被试了解了实验程序，练习阶段结束。被试填写问卷①，判断某些词汇是否在练习阶段出现。

随后被试静坐休息，同时主试在另一台电脑上观察其生理数据。待其数据稳定后按下"开始"按钮，记录 30 秒被试的生理数据。记录完成后，被试填写《主观情绪报告表 1》。此时记录的生理数据和被试的主观报告均为其情绪的基线值。

此后被试观看情绪视频。视频播放前电脑上有指导语提示被试在观看过程中设身处地地体验主人公的情绪，当情绪出来时不要压抑，让情绪自然流露。视频播放结束前 30 秒，再次开始记录被试生理数据。视频结束后，被试填写《主观情绪报告表2》。此时记录的数据为情绪的唤起值。

之后进入正式实验，被试完成 Stroop 任务的 60 个 trial。正式实验阶段的目标词为情绪调节方式词汇和自伤词汇，为了避免练习、疲劳等因素可能导致的反应倾向，词汇的呈现程序随机。程序完成后被试完成问卷②，挑选出其常用的情绪调节方式和常用的自伤方式。

实验结束，询问被试感受并对被试的疑问进行解答，赠送小礼物。

实验操作流程见图 5 - 2。

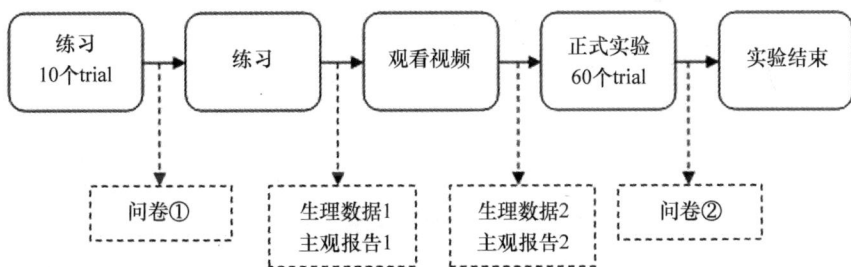

图 5 - 2　实验流程

## 六　研究结果

研究采用 SPSS20.0 对数据进行统计分析。

### (一) 被试的情绪状态

在填写《主观情绪报告表》时，被试需要对 8 种负性情绪的强度进行报告。由于本书主要关注情绪强度对个体情绪调节方式选择的影响，而不关注具体的情绪种类，因此，在进行统计时，不考虑具体的情绪类型，而是取所有情绪强度中最大的数值作为其情绪强度。

1. 视频唤起有效性。

比较所有被试在观看视频前后的情绪强度，对被试在观看视频前后的主观情绪强度和生理指标进行配对样本 $t$ 检验，结果显示，被试主观报告情绪强度显著提高；皮肤电（SC）显著升高；但血容量搏动（BVP）的增量并未达到显著水平（见表5-2）。

表5-2　　　　　　　　　　　情绪唤起有效性检验

| | 基线强度 | 唤起强度 | $t$ | $p$ |
|---|---|---|---|---|
| 主观报告 | 1.24 ± 0.88 | 2.78 ± 1.16 | -7.34*** | 0.00 |
| SC | 3.59 ± 2.20 | 5.69 ± 3.30 | -7.57*** | 0.00 |
| BVP | 84.17 ± 11.81 | 84.67 ± 11.17 | -0.38 | 0.70 |

注：＊＊＊$p<0.001$，＊＊$p<0.01$，＊$p<0.05$。

2. 高强度组和低强度组在情绪强度上的比较。

本书根据被试在观看视频后的主观情绪强度将其划分为高强度组和低强度组：得分≥3进入高强度组，否则为低强度组。对这两组被试的情绪强度进行比较。

基线水平：对两组被试的基线情绪强度（主观报告、SC、BVP）进行独立样本 $t$ 检验，结果显示，两组在主观报告和生理指标上差异均不显著（见表5-3），这表明两组被试的基线情绪强度没有显著差异。

表5-3　　　　　　　　　　　基线情绪强度的比较

| | 低强度组 | 高强度组 | $t$ | $p$ |
|---|---|---|---|---|
| 主观报告 | 1.30 ± 0.92 | 1.21 ± 0.86 | 0.36 | 0.72 |
| SC | 3.12 ± 1.74 | 3.92 ± 2.44 | -1.25 | 0.20 |
| BVP | 85.09 ± 9.31 | 83.54 ± 13.39 | 0.45 | 0.66 |

唤起水平：将两组被试在观看视频后的情绪强度值进行比较，结果发现，两组被试在主观报告和 SC 上差异显著，在 BVP 上差异不显著，这表明，在唤起情绪后，低强度组的情绪强度要显著低于高强度组，这意味着本书对情绪唤起的操作有效。具体结果见表 5 - 4。

表 5 - 4　　　　　　　　　唤起后情绪强度的比较

|  | 低强度组 | 高强度组 | $t$ | $p$ |
|---|---|---|---|---|
| 主观报告 | 1.65 ± 0.59 | 3.55 ± 0.74 | − 9.62*** | 0.00 |
| SC | 4.56 ± 2.80 | 6.48 ± 3.43 | − 2.06* | 0.05 |
| BVP | 83.49 ± 9.75 | 85.49 ± 12.15 | − 0.61 | 0.54 |

注：$***p < 0.001$，$**p < 0.01$，$*p < 0.05$。

### (二) Stroop 任务分析：反应时

被试在 Stroop 任务中的反应时和正确率代表了其对不同类情绪调节方式的反应。根据 Stroop 范式的假设，被试对某一类词汇的反应时越长，则表示被试与这一类方式的关系更为密切。本书先分别计算出每个被试对 4 类调节方式进行反应的反应时，然后将这些数据汇总，进一步进行分析。

1. 描述性统计

在进行结果分析时，将被试错误反应的反应时删除，只保留了正确反应的反应时。不同组被试对这 4 类词汇进行颜色判断的反应时见表 5 - 5。

表 5 - 5　　　　　　　被试对不同类型词汇的反应时

| 方式类型 | 低强度组 | | 高强度组 | |
|---|---|---|---|---|
|  | $M$ | $SD$ | $M$ | $SD$ |
| 常用普通方式 | 830.48 | 350.21 | 989.72 | 325.04 |
| 不常用普通方式 | 791.98 | 352.77 | 930.85 | 283.55 |

| 方式类型 | 低强度组 | | 高强度组 | |
|---|---|---|---|---|
| | $M$ | $SD$ | $M$ | $SD$ |
| 常用自伤方式 | 788. 40 | 271. 01 | 1125. 04 | 476. 83 |
| 不常用自伤方式 | 791. 32 | 298. 90 | 950. 46 | 334. 93 |

注：反应时单位为 ms。

### 2. 重复测量方差分析：主效应和交互效应

本实验为混合实验设计，组间变量为情绪强度，组内变量为方式类型。以反应时作为因变量，对数据进行重复测量方差分析。

在进行重复测量方差分析之前，先判断重复测量的数据是否满足 Huynh-Feldt 条件，即同一个体的各次重复测量结果间不存在相关。Mauchly 球形检验的结果显示数据结果不满足 Huynh-Feldt 条件（$p < 0.05$），需要使用备选方差分析结果。采用 Greenhouse-Geisser 法的分析结果显示，方式类型主效应不显著：$p > 0.05$，效应量 $\eta p^2 = 0.06$；强度分组主效应显著：$p < 0.05$，效应量 $\eta p^2 = 0.09$；二者交互效应显著：$p < 0.05$，效应量 $\eta p^2 = 0.06$（见表 5 - 6）。

表 5 - 6　　　　　　　　反应时的重复测量方差分析

| 变量 | Mean Square | $df$ | $F$ | $p$ |
|---|---|---|---|---|
| 方式类型 | 127214. 26 | 2. 11 | 2. 73 | 0. 07 |
| 强度分组 | 1863368. 35 | 1 | 4. 90 * | 0. 03 |
| 方式类型×强度分组 | 144561. 30 | 2. 106 | 3. 11 * | 0. 05 |

注：＊＊＊$p < 0.001$，＊＊$p < 0.01$，＊$p < 0.05$。

### 3. 简单效应检验：方式类型在强度水平上的简单效应

分析结果表明交互效应显著，需进行简单效应检验。结果显示，当情绪强度为低强度时，简单效应不显著；当情绪强度为高强度时，简单效应显著（见表 5 - 7，图 5 - 3）。

表 5 - 7 不同方式类型在低强度、高强度两个水平上的简单效应

| 变异来源 | SS | df | MS | F | p |
|---|---|---|---|---|---|
| 低强度组内 | 24071.93 | 3 | 9023.98 | 0.25 | 0.86 |
| 高强度组内 | 666213.24 | 3 | 222071.08 | 6.80 ** | 0.00 |

注：＊＊＊$p$ ＜0.001，＊＊$p$ ＜0.01，＊$p$ ＜0.05。

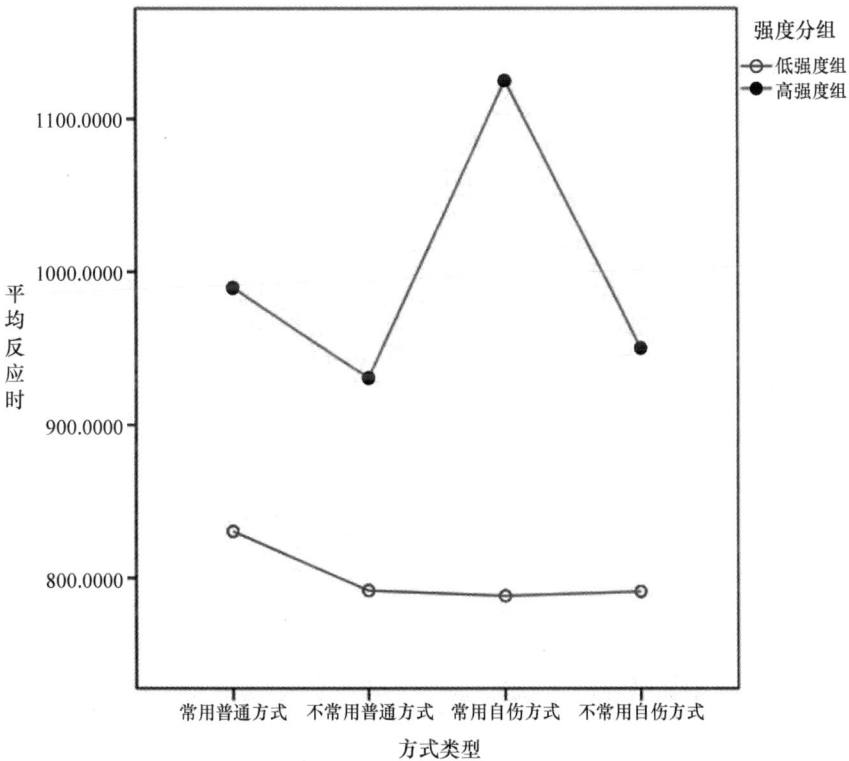

图 5 - 3 不同方式类型在低强度、高强度两个水平上的反应时

　　高强度水平上简单效应显著，需要对该效应的多种条件中哪些存在差异进行进一步分析。采用单因素方差分析中的多重比较进行分析，结果显示，被试对常用自伤方式的反应时显著长于对其他方式的反应时，见表 5 - 8。

表 5 - 8    高强度组被试对各类方式的反应时差异检验

|  |  | 平均数之差 | $p$ |
|---|---|---|---|
| 常用普通方式 | 不常用普通方式 | 58.88 | 0.12 |
| 常用普通方式 | 常用自伤方式 | - 135.32 * | 0.03 |
| 常用普通方式 | 不常用自伤方式 | 39.27 | 0.38 |
| 不常用普通方式 | 常用自伤方式 | - 194.19 ** | 0.01 |
| 不常用普通方式 | 不常用自伤方式 | - 19.61 | 0.51 |
| 常用自伤方式 | 不常用自伤方式 | 174.58 * | 0.02 |

注: $* * * p < 0.001$, $* * p < 0.01$, $* p < 0.05$。

4. 简单效应检验: 强度水平在方式类型上的简单效应

简单效应检验结果表明, 不同情绪强度组在常用普通方式、不常用普通方式、不常用自伤方式上差异均不显著, 在常用自伤方式上差异显著 (见表 5 - 9, 图 5 - 4)。

表 5 - 9    不同情绪强度在方式类型四个水平上的简单效应

| 变异来源 | $SS$ | $df$ | $MS$ | $F$ | $p$ |
|---|---|---|---|---|---|
| 常用普通方式 | 300140.38 | 1 | 300140.38 | 2.67 | 0.11 |
| 不常用普通方式 | 228512.77 | 1 | 228512.77 | 2.33 | 0.12 |
| 常用自伤方式 | 1341389.40 | 1 | 1341389.40 | 8.12 ** | 0.01 |
| 不常用自伤方式 | 299762.07 | 1 | 299762.07 | 2.91 | 0.10 |

注: 反应时单位为 ms。

(三) Stroop 任务分析: 正确率

根据 Stroop 范式的假设, 被试与某一类词汇关系越密切, 则其在对这类词进行反应时受到的干扰更大, 从而使得对这类词汇的错误率更高。本书先分别计算出每个被试对 4 类调节方式的正确率, 然后将所有被试的数据汇总进行统计分析。

1. 描述性统计

被试对这 4 类词汇进行颜色判断的正确率见表 5 - 10。

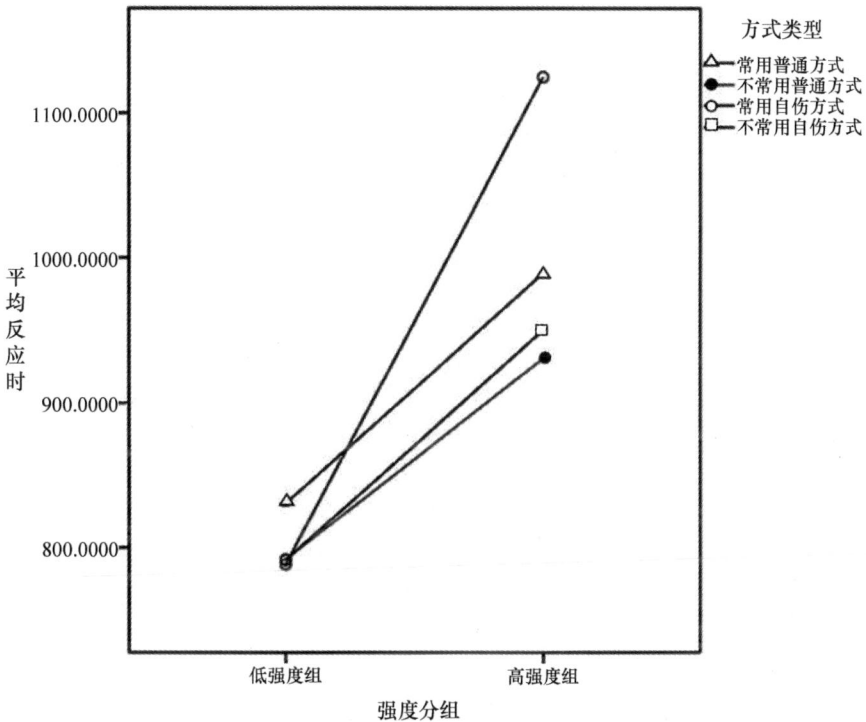

图 5 - 4　不同情绪强度在方式类型四个水平上的反应时

表 5 - 10　　　　　　　　各组被试反应正确率

| 情绪调节方式类型 | 低强度组 | | 高强度组 | |
|---|---|---|---|---|
| | $M$ | $SD$ | $M$ | $SD$ |
| 常用普通方式 | 0.90 | 0.15 | 0.90 | 0.12 |
| 不常用普通方式 | 0.91 | 0.09 | 0.93 | 0.06 |
| 常用自伤方式 | 0.90 | 0.19 | 0.92 | 0.12 |
| 不常用自伤方式 | 0.90 | 0.11 | 0.92 | 0.08 |

## 2. 重复测量方差分析：主效应和交互效应

Mauchly 球形检验的结果显示数据结果不满足 Huynh-Feldt 条件（$p < 0.05$），采用 Greenhouse-Geisser 法校正后的分析结果表明：方式类型、强度分组的主效应都不显著（$p > 0.05$），交互效应也不显著（$p > 0.05$）（见表 5 – 11）。

表 5 – 11　　　　　　　　　　正确率的重复测量方差分析

| 变量 | Mean Square | df | F | p |
|------|------|------|------|------|
| 方式类型 | 0.00 | 2.59 | 0.22 | 0.86 |
| 强度分组 | 0.01 | 1.00 | 0.34 | 0.56 |
| 方式类型 × 强度分组 | 0.00 | 2.59 | 0.18 | 0.89 |

## 七　讨论

### （一）被试情绪强度的测量

本书采用主观报告与客观指标（皮肤电 SC、血容量搏动 BVP）相结合的方法来观测被试的情绪强度。结果表明，主观报告和客观指标的结果基本吻合，表明本实验对情绪的诱发和监测可靠。

在本书中，所有被试均观看同一个视频，根据被试在观看视频后主观报告的情绪强度对其进行分组（报告情绪强度 ≥3，为高强度组；情绪强度 ≤2，为低强度组）。结果显示，在观看完视频后，两组被试在主观报告和 SC 上均出现显著提高，但在 BVP 上的增量并不显著。将两组被试进行比较，可以看到在基线水平上，三个指标均显示两组情绪强度不存在差异；在情绪唤起后，两组被试（高强度组 & 低强度组）在主观报告和 SC 上差异显著，而在 BVP 上差异不显著。

本书根据被试主观报告的情绪强度对其进行分组，并试图用生理指标（SC，BVP）来监测被试主观报告的有效性。结果显示，SC 的数据很好地支持了主观报告的结果，但 BVP 并未出现显著变化。这表明本实验中，对被试情绪的诱发和被试的报告是可信的。BVP 未出现显著变化，有可能是因为皮肤电（SC）中包含了可靠的情感生理反应，而在脉搏（BVP）的信号变化规律中则没有发现情感特异的生理反应[①]；此外，还有可能是因为即在情绪变化时，SC 更为灵敏，从而可以更好地反映被试的情绪变动；BVP 虽然也能从侧面反映被试的情绪状态，但它的变化不如 SC 的变化迅速，从而导致差异不显著。

（二）情绪强度对自伤者情绪调节方式的影响

从反应时的结果上看，高情绪强度下，自伤者对常用自伤方式的反应时显著长于对其他方式的反应时，这表明在高情绪强度下，自伤者对其常用自伤方式的加工更占优势，以至于难以抑制对这些方式进行语义加工，所以在进行颜色判断时，会出现反应时的延长（Stroop 效应更大）；而在低情绪强度下，被试对各类词汇的反应时没有显著差异。这一研究结果表明，负性情绪的强度是影响个体自伤的一个很重要因素。

根据 Stroop 任务的逻辑，个体会对情绪性信息、威胁性信息或其他个体关心的信息产生注意偏向[②]，因此在高强度的负性情绪下，自伤者倾向于选择其常用的自伤方式，这表明当自伤者处在强烈的负性情绪中时，他们偏向于采用其常用的自伤方式来进行调节。这可能是因为，当体验到强烈的负性情绪时，自伤者习惯于采用自己常用的自伤方式来进行调节，而其他方式（如：运动等），包括他们平时常用的普通的情绪调节方式，在这种情况下都不会被考虑到；在低强度的负性情绪下，自伤者对各种情绪调节方式的反应时差异不显著，这说明在情绪强度较低时，自伤者并没有表现出对自己常用自伤方式的偏好。这一结论与关于非自伤者的研究结果一致，有研究采用同样的范式考察非自伤者对不同情绪调节方式的注意偏向，结果表明在唤起负性情绪的条件下，个体对常用情绪调节方式反应

---

① 温万惠：《基于生理信号的情感识别方法研究》，博士学位论文，西南大学，2010 年。

② 夏勉：《社区居民对心理问题的知觉：过程和影响因素》，博士学位论文，华中师范大学，2008 年。

词要显著长于对不常用情绪调节方式反应词的反应时，即个体表现出对常用的情绪调节方式词的注意偏向。[①] 此外，本书的结果也支持了前文中质性研究结果，即自伤者只有在体验到强烈的负性情绪时，才会用自伤来调节情绪；而当他们体验的负性情绪强度不大时，仍会采用其他方式来调节情绪。

根据研究假设，在低负性情绪下，自伤者对各类情绪调节方式的反应时无显著差异。这是因为在一般情绪强度下，当需要进行情绪调节时，个体一般是根据便利性，选择适合当时情境的方式，所以不会出现明显的选择偏向。本书结果显示，当唤起的负性情绪强度较低时，自伤者对各类情绪反应方式的反应时没有差异。这符合本书的假设，即个体在低情绪强度下，并没有表现出对某些情绪方式的注意偏向。

不过，在对 Stroop 任务正确率的分析中，所有的效应均不显著。这可能是因为在本书中，被试在正式实验前都要进行预实验，当被试的正确率达到80%以上时才允许进入正式实验，以保证被试充分理解了任务要求。这就会导致在对被试的正确率进行分析时出现天花板效应，即对各类词汇的正确率都很高，从而在进行差异检验时，难以出现显著的结果。

（三）对自伤前情绪的进一步认识及其启示

前人一致认为，自伤最重要的功能是调节负性情绪，即大多数时候个体是为了调节负性情绪而自伤。不过关于自伤前的情绪强度前人多关注个体的高情绪反应性这一个人特征。研究表明，自伤者的反应性更高[②]，而且自伤者在其日常生活中，比非自伤者更常体会

---

① 鲁婷、江光荣、于丽霞等：《自伤者对不同情绪调节方式的注意偏向》，《中国临床心理学杂志》2013 年第 3 期。

② Kuo, J. R., & Linehan, M. M., "Disentangling Emotion Processes in Borderline Personality Disorder: Physiological and Self-Reported Assessment of Biological Vulnerability, Baseline Intensity, and Reactivity to Emotionally Evocative Stimuli", *Journal of Abnormal Psychology*, Vol. 118, No. 3, 2009, pp. 531 – 544.

到更强烈、更失调的负性情绪①，为了应对这些，他们会使用一些策略来减轻这些痛苦，例如自伤。②

　　本书从另一个角度对情绪强度与自伤的关系进行了探讨，即当面对同样的负性情绪性事件时，并非所有自伤者都会体验到高强度的情绪：产生高强度负性情绪的那部分个体倾向于选择自伤，而没有产生高强度负性情绪的个体则不会产生这种倾向。这就提示，在以后关于自伤的实验中，若涉及自伤前的情绪唤起，不能因为自伤者的情绪反应性更高而默认其会产生高唤起，而要注意对情绪强度进行控制。

　　近年来，也有研究者开始关注自伤发生的情绪背景。例如，有研究通过调查 39 名自伤者在自伤前的状态发现，自伤最可能是因为个体想要减轻高唤起的负性情绪（如：沮丧、焦虑），而非低唤起的负性情绪（如：悲伤、孤独）。③ 但本书却发现，个体在自伤前情绪的特征并非体现在某些固定的种类，而是体现在唤起度上。这说明，在以后的研究中，关于个体在自伤前的情绪，可以更多考虑对情绪强度进行控制，而不一定要指定为哪一类负性情绪。

　　从临床的角度来看，目前对自伤进行干预的核心目标是习得情绪管理技能，强调个体在体验到负性情绪时对自身行为的控制④，但根据本书的结果，只有在体验到强烈的负性感受时，个体才可能会

---

　　① Gratz, K. L., & Roemer, L., "Multidimensional Assessment of Emotion Regulation and Dysregulation: Development, Factor Structure, and Initial Validation of the Difficulties in Emotion Regulation Scale", *Journal of Psychopathology and Behavioral Assessment*, Vol. 26, No. 1, 2004, pp. 41 – 54.

　　② Najmi, S., Wegner, D. M., & Nock, M. K., "Thought Suppression and Self-Injurious Thoughts and Behaviors", *Behaviour Research and Therapy*, Vol. 45, No. 8, pp. 1957 – 1965.

　　③ Klonsky, E. D., "The Functions of Self-Injury in Young Adults Who Cut Themselves: Clarifying the Evidence for Affect-Regulation", *Psychiatry Research*, Vol. 166, No. 2, 2009, pp. 260 – 268.

　　④ 于丽霞、江光荣、吴才智：《自伤行为的心理学评估与治疗》，《中国心理卫生杂志》2011 年第 12 期。

出现自伤行为。因此，一方面这提示治疗师更多看到自伤者已具有的能力，即了解到在日常生活中，自伤者有方法应对一般的负性情绪，只是在处理高强度的负性情绪时有一些困难；另一方面，自伤者在产生高强度的负性情绪时会自伤，这可能并不是因为他们缺乏情绪调节的策略，而关键点在于，当面对负性情绪时，他们可能下意识地就会去选择伤害自己，因此，在对他们的干预中，可以与其一起探讨有效应对高强度负性情绪的方法，并协助其进行练习，从而帮助他们形成可以成功替代自伤的行为；此外，还可以从源头上对自伤行为进行干预，即让自伤者尽量避免产生高强度的负性情绪：考虑帮助自伤者去了解哪些事件会触发其强烈的负性情绪，帮助其在再次面对类似情境时，采用有效的方法及时阻止其强烈负性情绪的产生（如及时避开有冲突的情境），从而避免自伤行为的产生。

（四）研究局限

首先，本书用视频唤起被试的负性情绪。尽管预实验表明，相比其他唤起方式，本书中所选用的视频能最有效地唤起高强度的负性情绪；而且也要求被试去体验视频中主人公的情绪。但在实验后对被试进行询问时，仍有部分被试表示代入感不强，他们还是从旁观者的角度去观看，这就导致并不需要对自身的情绪进行调节。因此，在未来的研究中，要考虑使用与被试更为密切的情绪唤起方式。

其次，样本的代表性和容量。尽管本书已经尽量对样本进行了控制，如选用"情绪调节功能"的自伤者，但对 BPD、抑郁等变量的影响缺乏有效控制，在今后的研究中可以考虑加入对这些变量的控制。此外，本书中两个组的被试分别为 22 人、20 人，样本量较小，这可能是导致本书效应量较小的一个原因，在以后可以尝试增加样本量，使研究结果更为稳定。

再次，未考虑与无自伤行为的人群进行比较。因为本书只考察高情绪强度与自伤者自伤行为之间的关系，且已有研究比较了自伤者与非自伤者对不同情绪调节方式的注意偏向，所以本书只选择了将自伤者作为研究对象。但实际上也有必要考虑高低情绪强度下非自伤者的行为选择，以便更全面地了解情绪强度与自伤行为之间的关系。因此，在未来研究中可以考虑将非自伤者纳入实验，分别考察自伤者与非自伤者在不同情绪强度下的行为反应倾向。

最后，本书采用各种情绪调节方式词来代表不同的情绪调节方式。但因为人的行为远非一个词语能指代，这就会限制本书结论的推广。在以后的研究中，应该尝试考虑对各种情绪调节方式进行更好的操作化，从而提高研究的外部效度。

## 第二节 自伤者对自伤行为的内隐态度（研究三）

### 一 问题提出

当前研究者对自伤行为的研究主要集中在对个体自伤原因的探讨，并试图在此基础上发现有效的干预方法，从而减少个体自伤的发生。研究显示，对大部分自伤者来说，他们之所以会自伤，是因为自伤具有调节情绪、自我惩罚等功能[1]；此外，自伤者之所以会进行自伤，是因为他们认为相比其他行为，自伤具有某些独特的"优势"，如"有效""见效快"等，例如，当他们需要调节高强度的负性情绪时，自伤是最有效、见效最快的方式。总的来看，自伤者对自伤行为的态度较为积极。

目前对自伤的干预主要是采用认知行为疗法，核心的治疗目标是使当事人通过习得合适的情绪调节技术，从而减少自伤行为。[2]

―――――――――――

[1] Klonsky, E. D., "The Functions of Deliberate Self-Injury: A Review of the Evidence", *Clinical Psychology Review*, Vol. 27, No. 2, 2007, pp. 226 – 239.

[2] 于丽霞、江光荣、吴才智：《自伤行为的心理学评估与治疗》，《中国心理卫生杂志》2011 年第 12 期。

不过，尽管大多数自伤者并未受过专业的干预和帮助，但研究显示，绝大部分的自伤会随着个体年龄的增长而自发消失，只有少部分自伤会持续至成年。自伤的分类研究发现，病理性自伤占自伤群体的10%左右，这一类自伤者的心理病理水平更高；发展性自伤占自伤群体的80%—90%，这类自伤是与青春期有关的发展性问题，它会随着个体的发展而自行停止。[①] 这一结果提示，在青少年阶段出现的绝大部分自伤行为，会随着个体年龄的增长而自行消失。此外，关于自伤发生过程的研究显示，大部分自伤者的自伤行为第一次出现在12—14岁[②]，且大多数的自伤者的自伤行为会随着年龄的增大而减少至逐渐消失[③]，不过自伤者开始自伤的年龄越小，这一行为的消失就越为困难。[④] 这说明不少青少年的自伤行为会随着发展的成熟而自行消失，这是一种自愈现象。

然而到目前为止，较少有研究者会考虑"如何让自伤行为终止"，对于这些随着年龄增长而逐渐不再自伤的个体，他们对于自伤的态度是否有所改变？研究将针对这一问题进行深入探讨，选取个体对自伤的态度是否在个体自伤"自愈"过程中是否发挥重要作用。这对于揭示个体自伤自愈的原因，对青少年自伤行为进行干预具有重要作用。一方面，通过本书，可以进一步丰富现有的自伤理论，即从自伤"自愈"的角度反观个体自伤的原因，了解个体为什么会

---

① 于丽霞：《一样自伤两样人：自伤青少年的分类研究》，博士学位论文，华中师范大学，2013年。

② Muehlenkamp, J. J., & Gutierrez, P. M., "Risk for Suicide Sttempts Among Adolescents Who Engage in Non-Suicidal Self-Injury", *Archives of Suicide Research*, Vol. 11, No. 1, 2007, pp. 69 – 82.

③ Jacobson, C. M., & Gould, M., "The Epidemiology and Phenomenology of Non-Suicidal Self-Injurious Behavior Among Adolescents: A Critical Review of the Literature", *Archives of Suicide Research*, Vol. 11, No. 2, 2007, pp. 129 – 147.

④ Aizenman, M., & Jensen, M. A. C., "Speaking Through the Body: The Incidence of Self-Injury, Piercing, and Tattooing Among College Students", *Journal of College Counseling*, Vol. 10, No. 1, 2007, pp. 27 – 43.

自伤以及为何为放弃自伤；另一方面，在了解个体自伤自愈的原因后，就能明确在对自伤者进行治疗时，需要重点针对哪些方面进行干预，这对于发展有效的自伤干预方法，促进自伤青少年的健康成长具有重要意义；此外，还能以此为基础，识别出青少年中自伤的高危个体并进行及时干预，从而预防自伤行为的发生。

## 二　研究目的

探讨自伤自愈者、自伤者和非自伤者对自伤行为的态度是否存在差异，是否自伤者对自伤行为的态度最为积极。

## 三　研究设计

实验采用单因素组间实验设计，自变量为被试类型（自伤组、自伤自愈组、非自伤组），因变量为被试对自伤行为的内隐态度。

因变量的操作化：实验采用 Nock 的自伤内隐联想测验（Implicit Association Test，IAT）范式，测量被试在因变量两个指标（对自伤的内隐态度、自我联系紧密度）上的表现。[1] 本书中是用 IAT 效应值来反映被试对自伤的内隐态度。IAT 效应是指不相容反应时与相容反应时的差值，IAT 效应越大表明被试对自伤行为的不接纳程度更高、态度更抵触。

本书采用的 IAT 任务有两种：①内隐态度（积极/消极）任务；②自我联系紧密度（自我/他人）任务。在 IAT 范式中，当被试判断与内隐态度一致的组合时，相较于不一致的组合，即相反的组合时，反应时会更快。在本书中，概念分类为一系列的图片，分为伤害（自伤相关，如皮肤上有割痕的图片，又分为唤醒程度高和唤醒程度低两组）和无伤害（中性图片，如皮肤图片）。属性分类中，在内隐态度实验中属性词为积极（积极情绪，如：高兴、放松）和消极（消极情绪，

---

[1]　Nock, M. K., & Banaji, M. R., "Assessment of Self-Injurious Thoughts Using a Behavioral Test", *American Journal of Psychiatry*, Vol. 164, No. 5, 2007, pp. 820–823.

如：痛苦、消极），在同一性类型实验属性词为自我（与我相关，如：我）和他人（与他人相关，如：他）。因此，本书中，被试需完成两个 IAT 任务，在 IAT 任务①中，被试需要判断自伤图片是积极还是消极；在 IAT 任务②中，被试需判断其自身与自伤图片的联系程度。

## 四　研究假设

本实验认为，自伤自愈者之所以会放弃自伤，是因为他们对自伤行为的态度发生了变化，这一变化表现为：对自伤行为不再持积极的内隐情绪，而且自伤行为与其自身形象的联系度下降。

具体假设为：

（1）自伤者与自伤行为的内隐联系显著高于自伤自愈者和非自伤者；

（2）自伤自愈者对自伤行为的内隐态度与非自伤者不存在显著差异；

（3）自伤自愈者对自伤行为的内隐联系与自伤者不存在显著差异。

## 五　研究方法

（一）被试

在某高校发放自伤问卷共 1500 份，被试筛选方法同研究二。不过在区分自伤被试及自伤自愈组被试时，增加了一个题："上次发生以上行为是多久以前：A、0—6 个月，B、6—12 个月，C、12—36 个月，D、36 个月以上。"若被试选择 A 或 B，则为自伤组被试；若被试选择 C 或 D，则其为自伤自愈组被试。

研究者用电话、短信邀请筛出者参加实验，最终共有 155 位同学接受邀请。所有被试均签署知情同意书，实验结束后每名被试获得精美礼物一份。其中 IAT 任务一非自伤组 48 人，自伤自愈组 13 人，自伤组 16 人；IAT 任务二非自伤组 49 人，自伤自愈组 13 人，自伤组 16 人。

（二）研究工具：IAT 任务

1. 任务一：个体对自伤行为的内隐态度

屏幕的左上方与右上方分别呈现标签，刺激呈现在屏幕中间，要求被试看到刺激后尽快地按键进行辨别归类反应。按"E"键将其归为左上方一类，按"I"键则归为右上方的类别。

本实验实际的 IAT 测验共有 7 部分，以态度类型为例：

（a）要求对属性词尽快地进行辨别并按键反应，即把属于"积极"的刺激视为一类并按"E"键反应，把属于"消极"的刺激视为一类并按"I"键反应。

（b）要求对概念图片尽快地进行辨别并按键反应，即把属于"受伤"的刺激视为一类并按"E"反应，把属于"不受伤"的刺激视为一类并按"I"键反应。

（c）将前两步中出现的所有刺激混合后随机呈现，如把属于"受伤"和"积极"的刺激视为一类并按"E"键反应，把属于"不受伤"和"消极"的刺激视为一类并按"I"键反应；此处是初始联合辨别的练习阶段。

（d）同 c，记录被试反应时，此处是初始联合辨别的正式施测阶段。

（e）是第二步的反转呈现，屏幕上方概念刺激的标签的呈现位置左右互换，同时相应的反应键也互换，其他不变，目的是在概念词与反应键之间建立新的联系，防止联系效应。

（f）是第三步的反转，把属于"受伤"和"消极"的刺激视为一类并按"I"键反应，把属于"不受伤"和"积极"的刺激视为一类并按"E"键反应，此处是相反联合辨别的练习阶段。

（g）同 f，记录被试反应时。此处是相反联合辨别的正式施测阶段。

计算机自动记录各步的反应时。

2. 任务二：个体自身形象与自伤行为的联系紧密度

屏幕的左上方与右上方分别呈现标签，刺激呈现在屏幕中间，要求被试看到刺激后尽快地按键进行辨别归类反应。按"E"键将其归为左上方一类，按"I"键则归为右上方的类别。

本实验实际的 IAT 测验共有 7 部分，以态度类型为例，：

（a）要求对属性词尽快地进行辨别并按键反应，即把属于"自我"的刺激视为一类并按"E"键反应，把属于"他人"的刺激视为一类并按"I"键反应。

（b）要求对概念图片尽快地进行辨别并按键反应，即把属于"受伤"的刺激视为一类并按"E"反应，把属于"不受伤"的刺激视为一类并按"I"键反应。

（c）将前两步中出现的所有刺激混合后随机呈现，如把属于"受伤"和"自我"的刺激视为一类并按"E"键反应，把属于"不受伤"和"他人"的刺激视为一类并按"I"键反应；此处是初始联合辨别的练习阶段。

（d）同 c，记录被试反应时，此处是初始联合辨别的正式施测阶段。

（e）是第二步的反转呈现，屏幕上方的概念刺激的标签的呈现位置左右互换，同时相应的反应键也互换，其他不变，目的是在概念词与反应键之间建立新的联系，防止练习效应。

（f）是第三步的反转，把如把属于"受伤"和"他人"的刺激视为一类并按"I"键反应，把属于"不受伤"和"自我"的刺激视为一类并按"E"键反应，此处是相反联合辨别的练习阶段。

（g）同 f，记录被试反应时。此处是相反联合辨别的正式施测阶段。

计算机自动记录各步的反应时。

表 5-12           **测量内隐态度 IAT 样例**

| 测验顺序 | 任务描述 | 靶概念词 | 刺激例证 |
|---|---|---|---|
| a | 联想属性词辨别（20trials） | 积极（E）<br>消极（I） | 高兴 E<br>愤怒 I |

| 测验顺序 | 任务描述 | 靶概念词 | 刺激例证 |
|---|---|---|---|
| b | 初始靶词辨别（20trials） | 受伤（E）<br>正常（I） | 受伤图片 E<br>正常皮肤图片 I |
| c | 初始联合辨别练习（20trials） | 积极/受伤（E）<br>消极/正常（I） | 高兴/受伤图片 E<br>愤怒/正常皮肤图片 I |
| d | 初始联合辨别正式（40trials） | 积极/受伤（E）<br>消极/正常（I） | 高兴/受伤图片 E<br>愤怒/正常皮肤图片 I |
| e | 相反靶词辨别（20trials） | 正常（E）<br>受伤（I） | 正常皮肤图片 E<br>受伤图片 I |
| f | 相反联合辨别练习（20trials） | 积极/正常（E）<br>消极/受伤（I） | 高兴/正常皮肤图片 E<br>愤怒/受伤图片 I |
| g | 相反联合辨别正式（40trials） | 积极/正常（E）<br>消极/受伤（I） | 高兴/正常皮肤图片 E<br>愤怒/受伤图片 I |

## 六　研究结果

### （一）数据预处理

对于两个 IAT 实验结果处理方法相同。对于反应时小于 300ms 的记作 300ms，反应时大于 3000ms 的计作 3000ms，错误率超过 20% 的被试数据被剔除。然后对两部分的联结反应时分别求其平均数，两者之差为内隐效应量指标。

### （二）IAT 任务一：个体对自伤行为的内隐态度

当把自伤图片与消极词归为一类时，反应时短；当自伤图片和积极词归为一类时，反应时长，反应更慢。分别对三组的两个联合反应时做配对样本 $t$ 检验，非自伤组 $t=8.45$，$df=47$，$p=0.00$；自伤自愈组 $t=3.23$，$df=12$，$p=0.01$；自伤组 $t=4.97$，$df=15$，$p=0.00$。三组的 IAT 效应都非常显著，说明所有被试都倾向于将自伤行为与消极情绪相匹配。

对三组被试的 IAT 效应量进行单因素方差分析，$F=1.02$，$p=0.37$（$df_1=2$，$df_2=74$），结果不显著，说明三组没有显著差异。

表 5 - 13                    IAT **任务一描述统计结果**

|     | 非自伤组 | | 自愈组 | | 自伤组 | |
| --- | --- | --- | --- | --- | --- | --- |
|     | 初始联合 | 相反联合 | 初始联合 | 相反联合 | 初始联合 | 相反联合 |
| $M$ | 1079. 02 | 727. 16 | 1148. 99 | 722. 09 | 1036. 48 | 774. 94 |
| $SD$ | 44. 41 | 28. 29 | 602. 70 | 182. 40 | 273. 74 | 262. 05 |

注：单位：ms。

（三）IAT 任务二：个体自身形象与自伤行为的联系紧密度
初始联合辨别反应时和相反联合辨别反应时为：

表 5 - 14                    IAT **任务二描述统计结果**

|     | 非自伤组 | | 自愈组 | | 自伤组 | |
| --- | --- | --- | --- | --- | --- | --- |
|     | 初始联合 | 相反联合 | 初始联合 | 相反联合 | 初始联合 | 相反联合 |
| $M$ | 825. 62 | 690. 02 | 820. 18 | 727. 06 | 851. 11 | 763. 38 |
| $SD$ | 165. 36 | 134. 85 | 258. 97 | 216. 04 | 266. 11 | 230. 19 |

注：单位：ms。

分别对三组的两个联合反应时做配对样本 $t$ 检验，非自伤组 $t =$ 6. 29，$df = 48$，$p = 0.00$，IAT 效应显著；自伤自愈组 $t = 2.79$，$df = 12$，$p = 0.02$，IAT 效应显著；自伤组 $t = 1.98$，$df = 15$，$p = 0.07$，IAT 效应不显著。说明对于非自伤组和自愈组来说，自伤与他人的联系相较于自伤与自我的联系更为紧密，而自伤组的自伤与他人或自我的紧密联系程度却不存在显著差异。

对三组被试的 IAT 效应量进行单因素方差分析，$F = 3.04$，$p = 0.05$（$df_1 = 2$，$df_2 = 75$），结果边缘显著，用 LSD 进行事后检验，自伤组和非自伤组显著性水平为 0.02，自愈组和非自伤组以及自伤组差异均不显著。

## 七  讨论

在内隐态度实验中，三组被试均表现出自伤与消极情绪联系更为紧密。说明无论是对自伤者、非自伤者、自伤自愈者，自伤行为均与消极情绪相关。在对自伤行为的联系紧密度的实验中，非自伤组和自愈组出现了显著的 IAT 效应，而自伤组的 IAT 效应并不显著。在单因素方差分析中发现边缘显著，进行事后检验发现自伤组与非自伤组差异显著，而自愈组与自伤组和非自伤组都不存在显著差异。由此可见，对于非自伤组和自愈组而言，自伤行为与他人的联系更为紧密，对于自伤组，自伤行为与自我的联系更为紧密。

这一结论与前人研究存在一些不同。前人研究表明，大部分自伤者对自伤行为的看法很积极，在他们眼中，自伤具有其他行为所不具备的"优势"，也并非什么可怕的行为。有研究者注意到，个体对自伤行为本身的看法可能会影响到个体自伤行为的产生。有研究发现，在控制无助、焦虑、抑郁等情绪因素后，个体对自伤的态度能显著地预测 3 个月内的自伤意图。[①] 这意味着如果个体认为自伤是可接受的，那么他在将来就更有可能发展出自伤行为。很多自伤者表示，他们并不认为自伤是一种异常的行为。在实证研究中，研究者们研究了他们对自伤的态度，即个体对自伤行为的积极或消极的评价，个体一旦采用自伤缓解负性情绪后，他们会更加认同自伤，并将其看作是一种调节负性情绪的有效方式；在一项内隐联想测验中，自伤青少年对于自伤有着更接纳的态度，而且将自伤与他们的自我形象连接得更紧密。[②] 因此，许多自伤者不认为自伤是一种异常的行为。他们对于自伤行为的看法相较于常人更为正面，认为自伤只是他们调节情绪的方式，因此不需要过多的关注和矫正。

而本文结果提示，对自伤者来说，自伤行为也与消极情绪相联系。这可能是因为，自伤最主要的功能是情绪调节，因此，尽管自

---

① O'Connor, R. C., & Armitage, C. J., "Theory of Planned Behaviour and Parasuicide: An Exploratory Study", *Current Psychology*, Vol. 22, No. 3, 2003, pp. 196 – 205.

② Nock, M. K., & Banaji, M. R., "Assessment of Self-Injurious Thoughts Using a Behavioral Test", *The American Journal of Psychiatry*, Vol. 164, No. 5, 2007, pp. 820 – 823.

伤者并不认为自伤行为是不好的，但还是将自伤与消极情绪联系在一起。自伤是情绪调节的方法，但是正是因为自伤是为了降低负面情绪，所以对于他们而言，自伤行为可能与负面情绪联系的更为紧密。此外，虽然自伤的结果无论是获得关注的人际正强化还是缓解情绪的个体负强化，都是与负性刺激联系在一起。

对于非自伤者而言，他们更容易将自伤与消极情绪联系在一起，因为在大部分人看来，自伤本身就是一种异常行为。而对于自伤自愈者来说，尽管他们现在已经不再自伤，但他们曾经或许也是将自伤作为情绪调节的方式或是使用自伤来达到某种目的，自伤行为就与负性情绪联系更为紧密。

不过，总的来看，研究也有一些不足之处：首先，样本的容量较小。因为被试的特殊性，导致样本容量较小，自愈组和自伤组分别只有 13 人和 16 人，故而结果的稳定性不是很高。在今后的研究中，应当适当扩大被试人数，这样才能研究结果更为稳定。其次，在研究过程中，因为 IAT 程序流程比较长，被试做两个实验难免会出现练习效应和疲劳效应，应当适当增加休息时间，使得被试有一个较好的恢复时间。再次，由于两个研究没有关联，故而并没有考虑实验顺序的平衡，这可能导致了后一个实验可能存在练习效应或疲劳效应，使得数据不一定可靠。最后，因为实验场地的限制，研究并没有很好的控制研究地点等无关相关因素，这或许会在一定程度上影响实验，今后的研究中应该更为严格的控制这些无关变量。

# 第三节　自伤者不同情绪调节方式的调节效果比较（研究四）

## 一　问题提出

情绪调节是自伤最主要的功能，大多数情况下，个体选择自伤，是因为他们想从不好的情绪中逃脱出来。有研究表明，某些高唤起的情绪状态，如焦虑、愤怒等，在自伤后都有降低的倾向。[1] 因此，自伤本质上是一种适应不良的应对方式，能帮助个体有效地调节负性情绪。

然而，自伤并非自伤者唯一的情绪调节方式，自伤者采用的其他许多调节方式，如运动、听音乐等，也能使得其从不好的状态中"分心"，但为什么他们最终选择了自伤这种看起来代价更大的方式?

研究一的结果显示，自伤者可能并不认为自伤的代价更大，相反，他们认为自伤相比其他方式具有更多的"优势"：在本书质性研究结果"支持选择自伤的因素"中，最普遍的一点可能是"自伤的优势"（16/18）。研究一还进一步指出，自伤最大的"优势"可能体现在：相比其他情绪调节方式，自伤能更快、更有效地帮助他们平静下来。前人也有类似的推论，例如，关于个体为什么选择自伤而非其他更普通的情绪调节方式，有研究者认为，当"非聚焦型的分心策略"（使用多种不同的重复分心物）失败后，个体可能将自伤作为一种从创造厌恶情绪的想法中逃离出来的"聚焦型的分心物"[2]。

因此，自伤者选择自伤，很有可能是因为相比其他方式，自伤能让其更快地从不好的状态中逃脱出来。这种"不好的状态"一般是指负性的情绪或认知状态。关于个体在自伤前的状态，上述质性研究结果表明，个体通常既可能会体验到愤怒、焦虑等负性情绪，也可能会产生自我厌恶等负性认知。情绪级联模型认为，对消极情绪性想法和感受的反刍倾向会提高消极情绪水平，消极情绪的增加反过来又会提高对情绪性刺激的注意水平，从而导致更多的反刍；

---

① Klonsky, E. D., "The Functions of Deliberate Self-Injury: A Review of the Evidence", *Clinical Psychology Review*, Vol. 27, No. 2, 2007, pp. 226 – 239.

② Najmi, S., Wegner, D. M., & Nock, M. K., "Thought Suppression and Self-Injurious Thoughts and Behaviors", *Behaviour Research and Therapy*, Vol. 45, No. 8, 2007, pp. 1957 – 1965.

这种反刍和消极情绪的循环可能造成消极情绪性想法大量涌现，从而通过恶性、反复的循环提高消极情绪的水平，导致一种极令人厌恶的状态。[1] 所以个体在自伤前不仅体验到高强度的负性情绪，也会体验到大量负性想法。有研究认为，自伤所带来的自我惩罚可以被概念化为一种回避羞愧和不想要自我负性信念的尝试，因为惩罚自我可能会减轻内疚或羞愧的感受。[2] 而自伤之所以能帮助自伤者有效地平静下来，是因为自伤可以作为一种"分心"方式，使个体将注意力从反刍转移到与自伤相关的强烈的身体感觉（如：疼痛）上，使得情绪级联过程中断。[3]

　　总之，当自伤者处于负性的情绪或认知中时，自伤能使得其迅速摆脱出来。关于自伤使得负性情绪减轻，前人已积累了大量证据，例如在一项自伤模拟实验中，自伤组在经历由自己管理的电击之后，其与非自伤控制组相比，负性情绪降低的幅度更大；此外，经受更大电击的自伤者比经历低水平电击的自伤者，在负性情绪上表现出更大的降幅趋势，总的来说研究结果显示自伤和负性情绪唤起降低之间存在着因果联系。[4]

　　而关于自伤对个体认知状态的作用，目前的研究较少。近年来有研究者开始关注到自我关注这一认知变量。自我关注是指个体将

---

① Selby, E. A., Connell, L. D., & Joiner Jr, T. E., "The Pernicious Blend of Rumination and Fearlessness in Non-Suicidal Self-Injury", *Cognitive Therapy and Research*, Vol. 34, No. 5, 2010, pp. 421 – 428.

② Chapman, A. L., Gratz, K. L., & Brown, M. Z., "Solving the Puzzle of Deliberate Self-Harm: The Experiential Avoidance Model", *Behaviour Research and Therapy*, Vol. 44, No. 3, 2006, pp. 371 – 394.

③ Selby, E. A., Franklin, J., Carson-Wong, A., & Rizvi, S. L., "Emotional Cascades and Self-Injury: Investigating Instability of Rumination and Negative Emotion", *Journal of Clinical Psychology*, Vol. 69, No. 12, 2013, pp. 1213 – 1227.

④ Weinberg, A., & Klonsky, E. D., "The Effects of Self-Injury on Acute Negative Arousal: A Laboratory Simulation", *Motivation and Emotion*, Vol. 36, No. 2, 2011, pp. 242 – 254.

注意资源指向自己的想法和感受，而不是外界环境中的事物。[1] 大量研究表明，自我关注程度的提高和多种临床障碍（如酒精滥用、抑郁、焦虑等）之间存在正相关。[2] 此外，抑郁症患者在经历失败之后，自我关注水平会提高。[3] 与多种临床障碍相关的自伤行为也很有可能与自我关注关系密切，即在经历挫折性事件后，个体的自我关注水平可能会提高，而自伤则会使其自我关注水平迅速下降。因此可以推测，自伤者之所以认为自伤比其他方式更有效，有可能是因为相比其他方式，自伤能更有效地降低个体的自我关注水平。

不过，目前还没有研究将自伤与其他情绪调节方式进行过比较。本书欲将自伤和其他方式进行对比，探讨对于自伤者而言，是否自伤能更快地调节个体的负性情绪，并更大程度地降低自我关注水平。

## 二　研究目的

比较自伤与其他调节方式的差异，探讨是否自伤可以使自伤者更快地降低负性情绪、更有效地降低自我关注水平。

## 三　研究设计

采用单因素被试间实验设计。自变量为调节方式（自伤方式、普通调节方式），因变量有两个：被试的情绪调节时间、自我关注水平。

自变量的操作化：在实验室中，当需要被试进行"自伤"时，一般采用疼痛来替代自伤行为。这是因为在自伤过程中，个体一般

---

[1]　Green, J. D. , Sedikides, C. , Saltzberg, J. A. , Wood, J. V. , & Forzano, L. A. B. , "Happy Mood Decreases Self-Focused Attention", *British Journal of Social Psychology*, Vol. 42, No. 1, 2003, pp. 147 – 157.

[2]　Ingram, R. E. , "Self-Focused Attention in Clinical Disorders: Review and a Conceptual Model", *Psychological Bulletin*, Vol. 107, No. 2, 1990, pp. 156 – 176.

[3]　Pyszczynski, T. , & Greenberg, J. , "Evidence for a Depressive Self-Focusing Style", *Journal of Research in Personality*, Vol. 20, No. 1, 1986, pp. 95 – 106.

会体验到疼痛，而且有相当一部分自伤者就是为了获得疼痛而进行自伤，因此，本书也使用疼痛来替代自伤行为。自伤者常用的普通调节方式有许多种，本书选用"听音乐"这一方式。

因变量的操作化：在被试进行情绪调节时，记录其调节时间；并要求被试在调节前后完成自我关注相关任务，记录其得分作为"自我关注"的指标。本书中使用的自我关注相关任务为前人研究中使用的自由联想任务，即让被试记录下浮现在脑海中的任何思绪，然后统计其记录中第一人称所占的比例来指代自我关注程度。[1] 但由于在中文里经常会出现人称省略的现象，所以本书采用王紫薇等人所构造的自我关注变量[2]，即将被试的描述转化成两个变量：我变量和他变量，当叙述中出现第一人称，我变量记为1，否则为0；出现有关他人的描述，则他变量记为1，反之为0。自我关注变量程度为我变量减去他变量，是一个（-1，0，1）变量，数值越高表示自我关注程度越高。此外，考虑到书写可能对被试情绪造成的影响，要求被试只用1分钟时间记录下其想到内容的关键词。

## 四　研究假设

（1）自伤者需要进行情绪调节时，疼痛组所需的时间少于音乐组；

（2）实施调节后，疼痛组的自我关注低于音乐组。

## 五　研究方法

### （一）被试

本书中的一部分被试来自于研究二。因为本书考虑将"听音乐"

---

① Wood K., & Algozzine B., "Modifying Assessment to Account for Individual Differences and Experiences", *Diagnostique*, Vol. 16, No. 1, 1990, pp. 65–69.

② 王紫薇、涂平：《社会排斥情境下自我关注变化的性别差异》，《心理学报》2014年第11期。

作为对照组，所以在实验之前，要筛选出平时会将听音乐作为情绪调节方式的自伤者。当研究二的被试在结束研究二的实验任务后，要求其完成一个小的选择题：当我情绪不好时，下列方式能让我平静下来（可多选）：①听节奏强烈的音乐；②听舒缓的音乐；③运动；④写日记；⑤_____。

　　邀请选择了"听舒缓的音乐"的被试参加几天后的研究四（即本实验），并与其约定实验时间。此外，再另外邀请了一些"听舒缓音乐"的自伤者参加实验，最终共有 42 名被试参加本实验。将被试随机分为两组，其中疼痛组 22 人，音乐组 20 人。被试的基本信息（见表 5 – 15）。

表 5 – 15　　　　　　　　　　　**被试基本情况**

| 分组 | N | 性别 | | 年龄 |
| --- | --- | --- | --- | --- |
| | | 男（N） | 女（N） | |
| 疼痛组 | 22 | 14 | 8 | 19.32 ± 1.25 |
| 音乐组 | 20 | 11 | 9 | 19.10 ± 0.85 |
| 总计 | 42 | 25 | 17 | 19.21 ± 1.07 |

## （二）研究工具

### 1. 情绪诱发材料

　　因为本实验的被试有一部分来自于研究二，所以本实验没有再使用情绪性视频，而是采用回忆想象来诱发被试的负性情绪。研究表明，与电影/视频法一样，想象法也能有效诱导出被试的负性情绪。[①] 此外，因为要求被试回忆的均为他们生活中真实发生过的事情，所以诱发的负性情绪会更贴近他们自伤时的真实情绪状态，由此可以避免研究二中出现的被试"对视频代入感不强，诱发的并非

---

① Westermann, R., Spies, K., GÜNTER S., & Hesse, F., "Relative Effectiveness and Validity of Mood Induction Procedures: A Meta-Analysis", *European Journal of Social Psychology*, Vol. 26, No. 4, 1996, pp. 557 – 580.

自身的情绪"这一问题。

2. 情绪测量工具

测量工具同研究二，即采用《主观情绪报告表》来记录主观情绪，采用生物反馈仪记录生理指标。

3. 痛觉的呈现：电子推拉力计

在以往的自伤实验室研究中，研究者常使用冷压、热压、电击、压痛等刺激方式来模拟自伤中的疼痛。本书采用压痛来替代自伤，采用的仪器为艾固手握式电子推拉力计（产品型号 ZP200），通过该仪器的圆形压头（直径 14mm）向皮肤施加压力。该压力计的施力范围为 0—200N，读数精确到 0.01N，通过电子显示屏记录施加的压力。虽然该压力计在精度和敏感性上不及专业的压力痛觉仪，但因为本实验只需要对被试施加疼痛刺激，对压力大小记录的精度要求并不高，所以本实验选用该仪器来替代压痛仪。预实验表明，通过该仪器能有效诱发被试的疼痛感受。

4. 音乐

本实验将"听舒缓音乐"作为与自伤对照的情绪调节方式，主要是因为：（a）便于在实验室进行操作；（b）选择这一选项的自伤者相对较多；（c）在前人实验中，情绪唤起后多采用舒缓音乐来对被试进行放松。本实验选用的音乐为班得瑞的纯音乐 Endless Horizon，预实验表明，该音乐能有效缓解被试的负性情绪。

（三）研究程序

被试到达实验室后先休息 5 分钟。主试介绍实验任务，被试填写知情同意书。之后被试坐在电脑前，主试给被试连左手接上生物反馈仪，让其左手朝上放在桌面上，实验过程中身体尽量保持不动。之后被试静坐休息，主试在另一台电脑前观察被试生理数据，待数据平稳后，开始记录 30 秒生理数据。记录完成后，被试填写《主观情绪报告表 1》。

要求被试回忆一件印象深刻、让其情绪非常强烈的不愉快经历。被试用几分钟时间在脑海里重现事情的起因、经过、人物、场景等，并重新体会当时的感受。回忆完成后，被试按键进入下一步，指导语要求其保持不动，继续沉浸在想象中30秒。此次回忆开始时，被试口头报告"开始"，主试开始记录其生理数据。

被试填写《主观情绪报告表2》，并用1分钟时间记下在头脑中出现的任何想法或事件，只需写关键词。随后被试开始进行实验处理。疼痛组的被试口头报告"开始"并同时用压力计对其手掌施加压力，让自己感觉到疼痛，当感觉情绪平复下来时就可以停下来，口头报告"结束"并保持静坐；音乐组被试口头报告"开始"并同时点击音乐播放器开始听音乐，他们不需要听完整段音乐，同样是当感觉情绪平复下来时报告"结束"并保持静坐。主试记录各个被试的实验处理时间（施加疼痛的时间/听音乐的时间），并在听到"结束"时，开始记录其生理数据（30秒）。

被试填写《主观情绪报告表3》，并用1分钟写下在头脑中出现的任何想法或事件，只需写关键词。然后被试对先后两次写下的事件或想法进行补写。

最后实验结束，主试询问被试感受并进行相应处理。

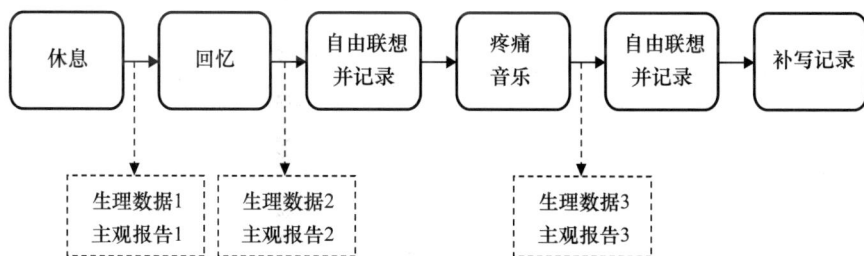

图5-5　实验流程

## 六　研究结果

### （一）基线情绪强度的比较

对疼痛组和音乐组的基线情绪强度（主观报告的强度、BVP、SC）进行独立样本 $t$ 检验，结果表明：疼痛组和音乐组在主观报告和生理指标上，差异均不显著（结果见表 5 - 16）。

表 5 - 16 基线情绪强度比较结果

|  | 疼痛组 | 音乐组 | $t$ | $df$ | $p$ |
| --- | --- | --- | --- | --- | --- |
| 主观报告 | 0.59 ± 0.50 | 0.90 ± 1.17 | -1.10 | 25.33 | 0.28 |
| BVP | 88.71 ± 15.18 | 83.14 ± 12.28 | 1.30 | 40 | 0.20 |
| SC | 3.71 ± 2.70 | 2.94 ± 2.02 | 1.04 | 40 | 0.31 |

（二）实验处理有效性的检验

1. 情绪唤起有效性的检验。本书采用回忆想象法唤起情绪，对所有被试在情绪唤起前后的情绪强度进行配对样本 $t$ 检验，结果表明，从主观报告上看，唤起值显著高于基线值，$p < 0.001$。从生理指标上看，被试的血容量搏动（BVP）在唤起前后差异不显著，$p > 0.05$；但皮肤电（SC）的唤起值显著高于基线值，$p < 0.001$。总的来看，回忆想象法有效地唤起了被试的负性情绪（见表 5 - 17）。

表 5 - 17 情绪唤起有效性检验

|  | 唤起值—基线值 | $t$ | $df$ | $p$ |
| --- | --- | --- | --- | --- |
| 主观报告 | 1.76 ± 1.43 | 8.00 *** | 41 | 0.00 |
| BVP | 1.30 ± 10.58 | 0.80 | 41 | 0.43 |
| SC | 1.84 ± 1.38 | 8.60 *** | 41 | 0.00 |

注：* * * $p < 0.001$，* * $p < 0.01$，* $p < 0.05$。

2. 情绪调节有效性的检验。在被试情绪唤起后，采用疼痛或音乐对被试进行情绪调节。对所有被试调节前后的情绪强度进行配对样本 $t$ 检验，结果表明，主观报告的调节值显著低于唤起值，$p < 0.001$；但从生理指标上看，血容量搏动（BVP）的差异不显著，$p > 0.05$；皮肤电（SC）的值在调节后反而显著升高，$p < 0.01$（见表 5 - 18）。

表 5 - 18　　　　　　　　　　**情绪调节有效性检验**

| | 调节值—唤起值 | $t$ | $df$ | $p$ |
|---|---|---|---|---|
| 主观报告 | $-1.33 \pm 1.22$ | $-7.07^{***}$ | 41 | 0.00 |
| BVP | $-1.80 \pm 11.73$ | $-0.60$ | 41 | 0.55 |
| SC | $0.56 \pm 1.09$ | $3.30^{**}$ | 41 | 0.00 |

注：$***p < 0.001$，$**p < 0.01$，$*p < 0.05$。

### 3. 疼痛组与音乐组情绪调节量的比较

为比较不同实验处理所产生的情绪调节效果，先分别计算各组在处理前后的情绪变化量（调节后强度 - 唤起强度），然后对两组的变化量进行独立样本 $t$ 检验，结果表明，两组主观报告的差异不显著，生理指标的差异也不显著（见表 5 - 19）。

表 5 - 19　　　　　　　　　**疼痛组与音乐组调节量的对比**

| | 疼痛组 | 音乐组 | $t$ | $df$ | $p$ |
|---|---|---|---|---|---|
| 主观报告 | $-1.32 \pm 1.21$ | $-1.35 \pm 1.27$ | 0.08 | 40 | 0.93 |
| BVP | $-2.03 \pm 7.15$ | $-1.67 \pm 14.64$ | $-0.10$ | 40 | 0.92 |
| SC | $0.44 \pm 0.88$ | $0.65 \pm 0.91$ | $-0.77$ | 40 | 0.45 |

### 4. 疼痛组与音乐组调节时间的比较。

本书中调节方式（疼痛或音乐）持续的时间由被试自行控制。结果表明，疼痛组施加疼痛的平均时间为 $31.65 \pm 17.16s$，音乐组听音乐的平均时间为 $82.98 \pm 43.98s$。对两组被试的调节时间进行独立样本 $t$ 检验，两组差异显著：$t = -5.07$，$p < 0.001$。这表明疼痛组所用的时间显著少于音乐组所用的时间。

### 5. 实验处理前后自我关注的变化

对调节前后个体的自我关注值进行比较，在情绪唤起后，所有被试（$N = 42$）的自我关注平均值为 $0.45 \pm 0.55$；进行实验处理后，所有被试的自我关注平均值为 $0.17 \pm 0.54$。配对样本 $t$ 检验显示，在进行实验处理后，被试的自我关注水平显著降低：$t = -2.61$，$p < 0.05$。

6. 疼痛组与音乐组自我关注值的比较

对实验处理前后的自我关注值以及两组的自我关注变化量分别进行独立样本 $t$ 检验，结果表明，在实验处理前后，疼痛组与音乐组的自我关注水平差异均不显著；两组的变化量差异也不显著，具体结果见表 5 - 20。

表 5 - 20　　　　　　　　　两组自我关注值的比较

|  | 疼痛组 | 音乐组 | $t$ | $df$ | $p$ |
| --- | --- | --- | --- | --- | --- |
| 处理前 | $0.50 \pm 0.51$ | $0.40 \pm 0.60$ | 0.58 | 40 | 0.56 |
| 处理后 | $0.23 \pm 0.53$ | $0.10 \pm 0.55$ | 0.76 | 40 | 0.45 |
| 变化量 | $-0.27 \pm 0.63$ | $-0.30 \pm 0.80$ | 0.12 | 40 | 0.90 |

## 七　讨论

本书在前人研究基础上将自伤和其他情绪调节方式的效果进行比较，将自我关注和情绪调节所耗费的时间作为因变量，比较自伤与其他方式对个体认知、情绪的作用效果。研究提出了两个假设：自伤耗费的时间更短，且能更有效地降低被试的自我关注程度，本书结果只验证了第一个假设。

### （一）实验操作的有效性：情绪调节量

对两组被试情绪调节有效性的检验表明，在经过实验处理后，被试主观报告的情绪强度显著降低，这表明疼痛和音乐有效地调节了被试的负性情绪。不过该结果未能得到生理数据的支持：在调节前后，BVP 的差异不显著，SC 的值反而上升。这一结果与预期完全不符，很有可能是因为在本实验中，要求被试进行情绪调节时需要被试自己动手进行操作：疼痛组的被试要使用压力计对自己的手掌施加压力，音乐组的被试要去操作音乐播放器。尽管在指导语中强调了让被试尽量保持身体静止，但在进行这些操作时，不可避免会出现身体的活动。而 SC 对于身体的活动非常敏感，因此尽管被试的动作幅度已经尽量小，但仍然导致 SC 的值出现显著上升。BVP 的差异不显著，除了前述原因外，还有可能是因为其变化不够灵敏（同研究二对 BVP 的分析），由此导致这一指标在情绪调节前后没有出现显著的升高或降低。

对两组的情绪调节量进行比较，结果表明，二者在主观报告和生理指标上的差异均不显著。这是因为在进行实验操作时，要求被试在感觉到情绪平复后停止实验操作，也就是说，不同于以往研究通常将情绪调节量作为因变量，本书是将情绪调节量作为被试操作的指标，即在指导语中就告知被试，让其采用指定的方式调节情绪直至其平静下来。所以疼痛组和音乐组的被试在经过实验处理后，情绪都是从唤起状态回到了平静状态，所以两组的情绪调节量一样。本实验结果显示，两组情绪调节量的三个指标（主观报告、SC、BVP）差异均不显著，这说明在本实验中实验操作有效，疼痛和音乐都让被试恢复了平静。

## （二）自伤所需调节时间更短

被试使用自伤进行调节时，所耗费的时间更短。在本实验中，调节时间由被试自行控制，疼痛组的被试所耗费的时间明显更短。这与前文中质性研究的结果一致：有自伤者（4/18）提出，相比其他温和的方式，自伤可以帮助他们迅速从不好的状态中逃脱出来。有研究者认为，一些有精神上痛苦的人会愿意伤害自己的身体，是因为身体疼痛比任何其他精神类药物的见效都快。[1] 此外，关于自伤能让个体迅速平静下来，一项针对 376 名饮食障碍患者的研究表明，69.2% 的病人报告在自伤后会立刻感觉好很多。[2] 本书是对疼痛和音

---

[1] Farber, S. K., "Autistic and Dissociative Features in Eating Disorders and Self-Mutilation", *Modern Psychoanalysis*, Vol. 33, No. 1, 2008, p. 23.

[2] Paul, T., Schroeter, K., Dahme, B., & Nutzinger, D. O., "Self-Injurious Behavior in Women With Eating Disorders", *American Journal of Psychiatry*, Vol. 159, No. 3, 2002, pp. 408 – 411.

乐进行对比，结果表明音乐起作用所需要的时间更长，而有实验表明，自伤者对痛苦的容忍度较低[1]，因此，当面对强烈的负性情绪时，他们可能会更愿意选择自伤等见效快的方式。

（三）自我关注

本实验是将自我关注作为被试调节效果的指标之一，即探讨自伤是否比其他方式更好地调节了个体的认知状态（自我关注下降）。对所有被试在调节前后的自我关注水平进行比较，结果发现在进行实验处理后，被试的自我关注水平显著降低。因为本实验是采用回忆法来诱发被试的负性情绪，这些事件都与被试自身相关，所以被试的自我关注水平会比较高；而在使用疼痛或音乐进行调节后，被试的注意力至少有部分被转移，因此造成自我关注水平的下降。

不过，将疼痛组和音乐组的被试分开进行分析，结果发现对任何一组来说，实验处理并未显著降低其自我关注水平，而且两组的自我关注变化量差异也不显著。这可能是因为：（1）这两种方式对个体自我关注的作用并无差异。本书假设自伤能更好地降低自伤者的自我关注水平，但数据显示，疼痛和听音乐使得被试的自我关注变化量相同，这表明这两种方法对个体自我关注水平的影响可能相同。自伤和听音乐都是让个体从当前的负性状态中"分心"，从而减少负性的感受，在本实验中两组差异不显著，可能是两种方式都能成功地让被试从自我关注中逃离出来。因此从数据上看，所有被试的负性情绪都减轻，但分开来看两组处理方式的作用并无差异。（2）样本量较小使得两组在统计上差异不显著。将所有被试放在一起进行分析，可发现被试的自我关注水平显著下降，而将两组分开进行分析时，由于样本量变小（疼痛组22人，音乐组20人），所以

---

[1] Nock, M. K., & Mendes, W. B., "Physiological Arousal, Distress Tolerance, and Social Problem-Solving Deficits Among Adolescent Self-Injurers", *Journal of Consulting and Clinical Psychology*, Vol. 76, No. 1, 2008, pp. 28 – 38.

导致从统计上看两组的变化均不显著，且两组之间的差异也不显著。

（四）对临床和研究的启示

本书尝试对自伤方式和其他情绪调节方式进行比较，以探讨自伤是否比其他普通的方式能更有效地对被试进行调节。结果发现，自伤的"优势"主要体现在其见效速度上，即自伤能在更短的时间内让被试平静下来。但从调节的效果来看，自伤和其他的调节方式并不存在显著差异，即并未更有效地降低个体的自我关注水平。

从临床上看，这一结果提示可能存在许多可以替代自伤的方式。有研究者认为，适应性的应对策略（积极应对和社会支持）可能对自伤者来说作用不大[1]，但本书提示可能某些适应性的方法对他们也是有用的。此外，目前对自伤的干预研究，多是从整体上检验某些疗法（如：问题解决疗法、辩证行为疗法）是否有效，而对具体干预技术的研究较少。本书提示，可以通过研究寻找一些能和自伤具有相同"功效"的方法，并让自伤者在生活中尝试使用，从而逐渐替换掉他们的自伤行为。此外，这一结果也提示临床工作者注意自伤者选择自伤可能非常重要的原因之一就是其见效快。这一方面可以让咨询师理解自伤者选择这一方式有其合理的地方，同时也留意到为什么"见效快"这一因素对自伤者来说这么重要；另一方面也提醒咨询师注意，相比伤害身体，自伤者可能更难以忍受持续时间较长的心理痛苦，在此基础上咨询师可以进一步地了解自伤者在其日常生活中的应对风格和模式，从而更全面深入地了解其生活中可能存在的问题。

从研究上看，本实验将自伤和其他方式进行比较。前人研究多关注自伤对个体的作用，结果表明，自伤能显著降低个体的负

---

[1] Keogh, B., Doyle, L., & Morrissey, J., "Suicidal Behaviour: A Study of Emergency Nurses' Educational Needs When Caring for This Patient Group", *Emergency Nurse*, Vol. 15, No. 3, 2007, pp. 30 – 35.

性情绪①。而本实验将自伤与其他方式进行比较，可以帮助研究者更多地去思考自伤情绪调节的机制：本实验结果提示，自伤与听音乐的调节效果一样，那么它们对个体的作用机制是否有相似之处？此外，本实验仅选取了"听音乐"来作为其他方式的代表，但实际上，与自伤具有相似作用机制的方式还有许多种，可以在未来考虑选取更多有代表性的方式与自伤来进行对比。最后，本实验引入了"自我关注"这一认知变量，帮助我们了解到个体在自伤前后在认知上可能出现的变化。在以后的研究中，除了继续重视自伤对个体情绪的作用外，可以更多地关注自伤对个体认知上的影响。

（五）不足之处

首先，本实验将自伤之外的其他调节方式都归为一类，并用"听音乐"这一方式来作为其代表，这实际上是一种过于简化的做法。因为对于每个个体来说，每种调节方式都有其特定的意义，而本实验的这种处理则忽略了这些意义；而且每个自伤者都有对自己来说最有效的情绪调节方法（除自伤外），因此更合理的方法是对自伤与其最有效的情绪调节方式进行比较，但考虑到实验的可操作性，本实验选择将自伤者的自伤与一种普遍的调节方法（听音乐）进行比较，这可能会低估其他情绪调节方式的有效性。未来如果有充足的自伤被试，可以考虑针对被试的情绪调节方式进行进一步筛选，更严格地控制被试的入组标准或是选用更多更有代表性的方法来与自伤进行比较。同样，采用疼痛来作为自伤的替代物也存在类似问题。尽管当前关于自伤的实验均采用类似的方式来替代自伤，且本实验已尽量选择类似自伤的操作（使用压力计造成疼痛），但这一方法与真实的自伤在动机、实际操作确实存在很大不同，因此在未来要进一步探索更合适的实验室自伤替代方式。

---

① Weinberg, A., & Klonsky, E. D., "The Effects of Self-Injury on Acute Negative Arousal: A Laboratory Simulation", *Motivation and Emotion*, Vol. 36, No. 2, 2011, pp. 242 – 254.

其次，对被试的情绪唤起。因为有部分被试来自研究二，所以本实验没有再采用视频法，而是采用想象回忆法来诱发被试的负性情绪。尽管预实验表明这一方法也能有效诱发被试的负性情绪，但这种方法所诱发的情绪强度相对较低，这可能就使得实验处理的效应难以显现出来。因此，在后续研究中，可以考虑进一步优化情绪唤起的方法。此外，为了尽量减少实验中的额外变量，本实验中未能对被试的回忆过程进行监控（如要求其将想法记录下来）。尽管在被试的回忆过程中，主试能观察到被试的生理曲线呈上升状，但仍然难以保证所有被试的想象是投入的。在将来的实验中，可以考虑采用更有效的方式对回忆过程进行监控。

再次，自我关注的指标。本实验采用的自我关注的得分为"我变量－他变量"，得分仅有－1，0，1三个数值，用其作因变量可能不能很好地反映个体自我关注的变化情况；而仅用这一数值来代表"自我关注"这一复杂的变量，可能会遗失大量信息。今后的研究可以考虑选用更加可靠的指标。

最后，本实验采用生物反馈仪对被试的情绪变化进行监控，这就要求被试在实验过程中尽量保持身体静止。但本实验需要被试自行操作仪器为自己施加疼痛或播放音乐，这就必然导致生物反馈仪记录的数据不准确。因此，未来可以考虑选择更不易受外界影响的情绪指标，或是用更巧妙的方式为被试施加实验处理。

# 第四节　自伤者的社会问题解决技能（研究五）

## 一　问题提出

关于自伤者为什么不选择其他方式，本书研究一提供了一种可能性：自伤者在当时的情况下处于一种"受限"的状态，即他们根本就想不到其他方式。前人没有针对自伤者这种特殊的状态进行过研究，但有研究者提出过类似的解释，即自伤者是由于在应对和问题解决上缺乏技能[1]，因此他们在面对生活中的困难情境时，会易于选择用自伤这种不适应的方式来进行应对。

所谓社会问题解决技能，是指个体在特定的问题情境中，运用已有的知识经验，通过人际互动，实现目标的能力，包括计划制定、人际沟通、支持寻求。[2] 有研究者从信息加工和问题解决的角度给出了更详细的界定。具体针对自伤者来说，有可能自伤者比非自伤者能提出的有效的解决方式更少；或者说，虽然他们也能想出一些有效的解决方式，但在具体行动时，他们更可能选择无效的方式；进一步来看，这种对无效方式的选择可能是受到自伤者自身信念的影响，即他们不认为自己能有效地应对问题情境。

有研究者对自伤者和非自伤者应对真实问题所使用的策略进行评估，结果发现自伤者表现出更多的问题回避行为，而且也报告知觉到更少的对问题解决方案的控制。[3] 不过，有研究探讨了自伤者和非自伤者在社会问题解决能力上的差异，结果显示，自伤者和非自伤者的社会问题解决能力并不存在差异，而且在压力情境下，虽然自伤者和非自伤者的社会问题解决能力均下降，但二者仍然未表现出差异[4]；不过上述结论在国内自伤者中并未得到验证。[5] 总的来看，关于自伤者是否在社会问题解决能力上存在不足，从而导致他

---

① Borrill, J., Fox, P., Flynn, M., & Roger, D., "Students Who Self-Harm: Coping Style, Rumination and Alexithymia", *Counselling Psychology Quarterly*, Vol. 22, No. 4, 2009, pp. 361 – 372.

② 张文娟、程玉洁、邹泓、杨颖：《中学生的情绪智力、社会问题解决技能对其师生关系的影响》，《心理科学》2012 年第 3 期。

③ Haines, J., & Williams, C. L., "Coping and Problem Solving of Self-Mutilators", *Journal of Clinical Psychology*, Vol. 59, No. 10, 2003, pp. 1097 – 1106.

④ Nock, M. K., & Mendes, W. B., "Physiological Arousal, Distress Tolerance, and Social Problem-Solving Deficits Among Adolescent Self-Injurers", *Journal of Consulting and Clinical Psychology*, Vol. 76, No. 1, 2008, pp. 28 – 38.

⑤ 贺号：《自伤青少年生理唤醒、压力容忍度和社会技能的关系》，硕士学位论文，华中师范大学，2007 年。

们在面对问题时只能采取自伤等方式来进行应对，目前的研究结论并不一致。

本书的质性研究部分支持了自伤者在社会问题解决能力上存在不足：有自伤者（4/18）提出，他们自身解决问题的能力可能低于其他人。不过，这可能只代表了自伤者应对负性事件或情绪时所体现的"认知受限"的一小部分——更多的自伤者表明，他们不一定是缺乏解决问题的能力，而是当处于高情绪强度下时，难以想到有效的解决方法。

因此，根据这一发现并结合前人的研究结论，本书提出一种假设：自伤者的社会问题解决能力低于非自伤者，在高情绪强度下，这一差异更为明显。

## 二 研究目的

考察自伤者在面对问题情境时（尤其是在高负性情绪下）是否表现出认知受限，具体操作为，比较自伤者与非自伤者在社会问题解决能力上的差异，并探讨在高负性情绪下，这一差异是否增大。

## 三 研究设计

采用 2×2 混合实验设计。

自变量：组间变量为被试类型（自伤者、非自伤者），组内变量为情绪强度（低强度、高强度）。

因变量：社会问题解决能力。本书将被试的社会问题解决能力作为其"认知受限"的指标，即将自伤者与对照组（非自伤者）进行比较，若自伤者在面对社会问题时的表现更差（在社会问题解决能力测验上的得分更差），则认为其出现"认知受限"。

## 四 研究假设

根据前文分析，自伤者在平时就可能存在认知受限的情况，所以他们平时就不能很好地处理所面临的问题；在高情绪强度下，这种受限可能表现得更突出，这就导致他们"根本就想不到其他方式"。由此提出本实验的假设为：

（1）在低情绪强度下，自伤者的社会问题解决能力低于非自伤者。

（2）在高情绪唤起下，自伤者的社会问题解决能力低于非自伤者，且二者的差异变大。

## 五　研究方法

### （一）被试

在武汉市两所综合性普通高等院校发放 1200 份《自伤行为问卷》，采用与研究二、研究三相同的筛选标准，筛选出 30 名自伤者，并在性别、年龄匹配的前提下随机抽取出 30 名非自伤者作为对照组，非自伤者在自伤问卷所有得分项上均为 0。最后，邀请到 55 人（自伤者 25 人，非自伤者 30 人）参加实验。

由于本实验中涉及"高情绪强度"这一变量，因此在实验过程中未能成功唤起高强度情绪的个体（根据被试的主观报告）被剔除，最终进入统计分析的有效数据共 42 例，平均年龄为 20.50（SD = 1.55）；其中自伤者 22 人，非自伤者 20 人；男生 16 人，女生 26 人。实验组和对照组在性别、年龄上差异不显著。

### （二）研究工具

1. 情绪诱发材料

同研究二。

2. 主观情绪报告表

同研究二。

3. emWave 压力缓解系统

研究采用心率变异性（Heart Rate Variability，HRV）这一指标来对被试的情绪唤起过程进行监测。HRV 是指逐次心跳间期的微小差异和波动变化，或指围绕平均心率的心率波动程度，情绪能引起

HRV 的改变，例如，焦虑程度提高，HRV 的高频成分增大。[①]

本书采用 Heart Math 公司生产的 emWave2 压力缓解系统，该仪器常用于监测放松训练中的 HRV 信息。其特点是易操作、便于携带。在使用时，只需将传感器夹在被试耳垂上即可观测到被试的交感（低频 LF）、副交感（中高频 MF、HF）神经的信号指标，此外，该仪器还能记录被试的平均心率（AHR）。

HRV 的分析方法包括时域法、频域法和光谱分析法，emWave2 采用频域分析，即观察 HRV 在时间轴上的连续和瞬间的变化。HRV 频域分析的参数是低频（LF）与高频（HF）的比值，它反映了交感神经占优势的情况，一般认为，随着情绪紧张、兴奋和焦虑程度的增加，HF 成分比例增大，LF/HF 变小。[②] 因此，若被试的情绪被有效唤起，则其 HRV 参数值（LF/HF）会减小。

此外，对 HRV 来说，24 小时的长程 HRV 反映的是昼夜交感、副交感神经张力的综合变化，它是从整体上评价 HRV；而短程 HRV（至少 5 分钟）分析反映即时因素对 HRV 的影响，此外，短程 HRV 的测试稳定性、重复性好，便于在实验室中操作，因此，本书中选用短程 HRV 这一指标，每次记录时长为 5 分钟。

4. 社会问题解决技能测验

本书采用社会问题解决技能测验（Social Problem-Solving Skill Test，SPST）来测量个体的社会问题解决技能，该测验由 Nock 等人在前人研究的基础上开发，通过被试对不同问题情境的解决情况来评估其社会问题解决技能。[③]

SPST 为被试提供四个不同主题的八种社会问题情境，四个主题

---

① 莫秋云：《基于人体脑波和心率变异的噪声综合评价方法研究》，博士学位论文，北京林业大学，2005 年。

② 同上。

③ Nock, M. K., & Mendes, W. B., "Physiological Arousal, Distress Tolerance, and Social Problem-Solving Deficits Among Adolescent Self-Injurers", *Journal of Consulting and Clinical Psychology*, Vol. 76, No. 1, 2008, pp. 28 – 38.

分别为老师、同伴、父母、恋人，每个主题下包括两种情境。不过因为大部分中国学生并没有恋爱经历，所以本书只使用了老师、同伴、父母三种主题，共六种情境。具体包括：

与老师相关的问题情境：

情境1：你非常认真地准备你的英语课程论文，内容是关于你欣赏自己的哪些方面，但是英语老师却给你不及格，主要是批评你的叙述不够具体。

情境2：你去学校参加运动会，不巧途中自行车胎被扎破导致迟到。老师不问缘由，直接就批评你缺乏集体观念。

与同伴相关的问题情境：

情境1：你走进教室的时候，你最要好的两个朋友正在聊天。你好像听到他们在谈论周末的安排。你问他们在谈论什么的时候他们说："哦，没谈什么。"

情境2：你希望同班好友能帮助你复习英语，以渡过考试难关，而且在此之前他已经答应你了。但最后，好友违背了原先的承诺，去帮助其他同学了。

与父母相关的问题情境：

情境1：你在学校辛苦了一天，回到家已经精疲力竭了。你一进家门，你妈妈就跟着进了你房间，并开始唠叨着要你收拾自己的房间。

情境2：你认识了一些很酷的朋友，他们告诉你周末有一个非常棒的聚会，并且邀请你参加。你回家把这件事情告诉妈妈，但是她不同意你去。

在情绪唤起前，随机呈现每种主题中的任何一种情境，共三种情境；在情绪唤起后，呈现另外三种情境。所有情境呈现的顺序随机。

在每个情境之后，被试需要回答一系列问题：

问题1：你认为本情境中的那个人（老师／你的朋友／妈妈）为何要这么做？

问题 2：好的，现在我希望你告诉我你在这个情境中可能作出什么不同的反应。想象这个情境刚好发生在你身上，然后尽快尽可能多地告诉我你能想出的解决方法，直到我说停，你有 30 秒钟的时间。准备，开始。

问题 3：好的，停下来。上述反应中你最可能做的是哪一个？

问题 4：好，现在我们假设你想要（目标）。你评估一下你的能力在多大程度上能完成这个目标（0—4）？

这 4 个问题所对应的变量分别为：

问题 1——被试的归因类型；

问题 2——被试想出的反应个数，被试的反应质量；

问题 3——被试最可能选择的反应的质量；

问题 4——被试对自身能力的评价。

被试的回答均用录音设备记录下来，之后由 3 位评分者根据《SPST 评分手册》对被试的回答分别进行评分，对不一致之处通过讨论得出被试在各个项目上的最终得分。Nock 等人对《SPST 评分手册》进行过严格检验，他们分析了 30 名个案的评分者数据，结果表明该系统具有良好的评分者信度。本书使用的 SPST 及《SPST 评分手册》中文版能很好地适用于中国学生。[①] 本书在使用前仅对部分语句进行了少量修订，使其更通顺（见表 5 – 21）。

表 5 – 21　　　　　　　　　　SPST 评分举例

| 情境 | （老师）：你非常认真地准备你的英语课程论文，内容是关于你欣赏自己的哪些方面。但是英语老师却给你不及格。主要是批评你的叙述不够具体 | 评分 | 评分说明 |
|---|---|---|---|
| 归因<br>（1—9） | 对于我的英语课程论文，而且是不够详细具体，我觉得有可能是由于我平时英语成绩不太好，然后在那次作文中表现得用词啊、表达啊各方面不太好，然后导致可能老师对我的英语作文不是很满意 | 3 | "3"对应"自我—批评的归因"。<br>见《SPST 简易编码手册》 |

① 贺号：《自伤青少年生理唤醒、压力容忍度和社会技能的关系》，硕士学位论文，华中师范大学，2007 年。

| 反应个数 | | 3 | 由主试根据被试的反应个数填写 |
|---|---|---|---|
| 反应质量<br>（1—3） | ①我觉得我可能会默默接受吧，因为毕竟那是老师<br>②然后如果老师给的分数实在不可理喻的话，我有可能会去找老师理论一下<br>③如果我觉得那份作文是我写得最好的，然后老师又给我一个最低的分数，这样会让我感觉很难受，有可能我会拒绝接受这个分数 | 131 | 被试这里有三个反应，这三个反应的评分分别为1、3、1。<br>1——消极的；<br>3——积极的；<br>见《SPST简易编码手册》 |
| 最可能做出的反应 | 默默接受 | 1 | 评分规则同上 |
| 能力评估 | | 3 | 由被试个人评定 |

## （三）研究程序

被试到达实验室后先静坐休息，待其平静下来后，主试简单介绍实验任务，被试填写知情同意书。将 emWave2 的传感器夹到被试耳垂上，让被试静坐休息。观察 HRV 曲线，待曲线走势平稳后开始记录 5 分钟基线数据。结束后要求被试填写《主观情绪报告表1》。

开始进行基线阶段的 SPST 任务。随机选取老师、同伴、父母相关情境各一个，且这三个情境的呈现顺序随机。

之后播放情绪性视频，要求被试在情绪出来时不要压抑，让情绪自然流露。整个视频时长 7′54″，因为需要记录被试在观看视频过程中的情绪变化，在电影播放到约 2′50″时开始记录被试的生理数

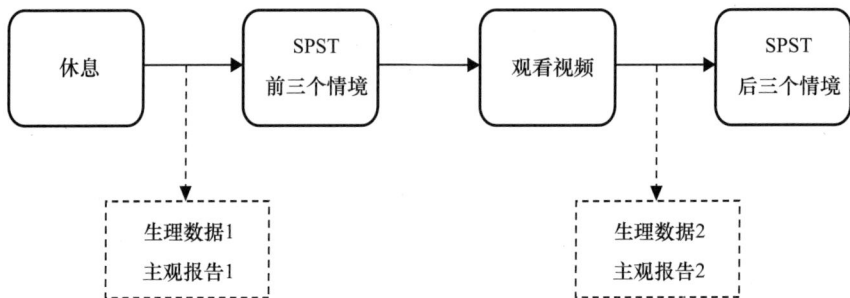

图 5-6　实验流程

据，持续 5 分钟。结束后被试填写《主观情绪报告表 2》。

随后进行 SPST 余下三个情境的任务。

最后实验结束，主试询问被试感受并进行相应处理。

## 六 研究结果

### （一）自伤组和非自伤组情绪强度的比较

基线强度：对自伤组和非自伤组的基线情绪强度进行独立样本 $t$ 检验，结果表明：两组在主观报告上差异不显著，$t_{(40)} = -1.77$，$p = 0.09$；在 HRV 的指标 LF/HF 值上差异不显著，$t_{(40)} = 0.89$，$p = 0.88$，在平均心率 AHR 上差异不显著，$t_{(40)} = -0.54$，$p = 0.60$。

唤起强度：在进行情绪唤起后，对自伤组和非自伤组的情绪强度进行独立样本 $t$ 检验，结果表明：两组在主观报告上差异不显著，$t_{(40)} = -0.40$，$p = 0.69$，在 LF/HF 值上差异不显著，$t_{(40)} = 0.46$，$p = 0.65$，在 AHR 上差异不显著，$t_{(40)} = 0.21$，$p = 0.83$。

### （二）情绪唤起有效性的比较

本书采用视频唤起被试情绪强度，根据被试在观看视频后的自我报告情绪强度，筛选情绪强度为 3 分以上的被试进入分析，因此所有被试的唤起强度均 ≥3。从主观报告上看，在观看视频后，被试的负性情绪强度显著提高；但在 HRV 的指标上差异不显著；被试的平均心率显著降低（见表 5 - 22）。

表 5 - 22 情绪唤起有效性检验

| | 基线强度 | 唤起强度 | $t$ | $df$ | $p$ |
|---|---|---|---|---|---|
| 主观报告 | 1.19 ± 0.86 | 3.95 ± 0.79 | -15.37 *** | 41 | 0.00 |
| LF/HF | 2.02 ± 1.90 | 2.46 ± 3.33 | -0.94 | 41 | 0.35 |
| AHR | 75.12 ± 9.36 | 72.67 ± 9.49 | 2.58 ** | 41 | 0.01 |

注：＊＊＊$p < 0.001$，＊＊$p < 0.01$，＊$p < 0.05$。

### （三）SPST 结果

#### 1. 在归因类型上的差异

评分者需要根据《SPST 评分手册》评价被试作出的第一个归因属于哪一类。总共有 9 类：敌意的归因、批评的归因、自我—批评的归因、他人—批评的归因、拒绝的归因、不确定、他人—非批评的归因、情境中立、自我—非批评的归因。评分者对每个归因进行评价后，统计每一个被试在情绪唤起前后每一种归因类型的数量，然后分别以各归因类型的数量作为因变量进行分析。

以"情境中立归因"（如："妈妈唠叨我去打扫屋子"情境中，被试归因为"我的屋子很乱"）为例：组间变量为被试类型（自伤者、非自伤者），组内变量为情绪强度（低强度、高强度），因变量为被试情境中立归因的个数。对数据进行重复测量方差分析，结果显示，被试类型主效应不显著，$F_{(1,40)} = 0.43$，$p > 0.05$；情绪强度主效应显著，$F_{(1,40)} = 15.11$，$p < 0.001$，效应量 $\eta p^2 = 0.27$；交互效应不显著，$F_{(1,40)} = 0.06$，$p > 0.05$（见表 5 – 23）。

表 5 – 23　　　　　　　　　　**情境中立归因的重复测量方差分析**

| 变量 | Mean Square | df | F | p |
|---|---|---|---|---|
| 被试类型 | 0.140 | 1 | 0.43 | 0.52 |
| 情绪强度 | 3.825 | 1 | 15.11 *** | 0.00 |
| 被试类型 × 情绪强度 | 0.016 | 1 | 0.06 | 0.81 |

注：$* * * p < 0.001$，$* * p < 0.01$，$* p < 0.05$。

所以本书中，在低负性情绪下，被试更倾向于作出情境中立归因的归因（低强度下平均个数为 0.54，高强度下平均个数为 0.15），而自伤者和非自伤者的"情境中立"归因个数不存在显著差异。采用相同的方法对各归因方式进行分析，结果发现，其他所有的归因方式中，主效应和交互效应均不显著。

## 2. 在反应数量上的差异

在每种情境后，要求被试在30秒内想出尽可能多的解决方法。分别计算每个被试在前后三种情境中想出的平均解决方法个数，进行两因素重复测量方差分析，结果表明，被试类型的主效应不显著，$F_{(1,40)} = 0.45$，$p > 0.05$；情绪强度主效应显著，$F_{(1,40)} = 11.71$，$p = 0.001$，效应量 $\eta p^2 = 0.23$；交互效应也不显著，$F_{(1,40)} = 0.03$，$p > 0.05$。结果表明，在情绪唤起后，被试所能想出的反应数量显著降低（表5-24，图5-7）。

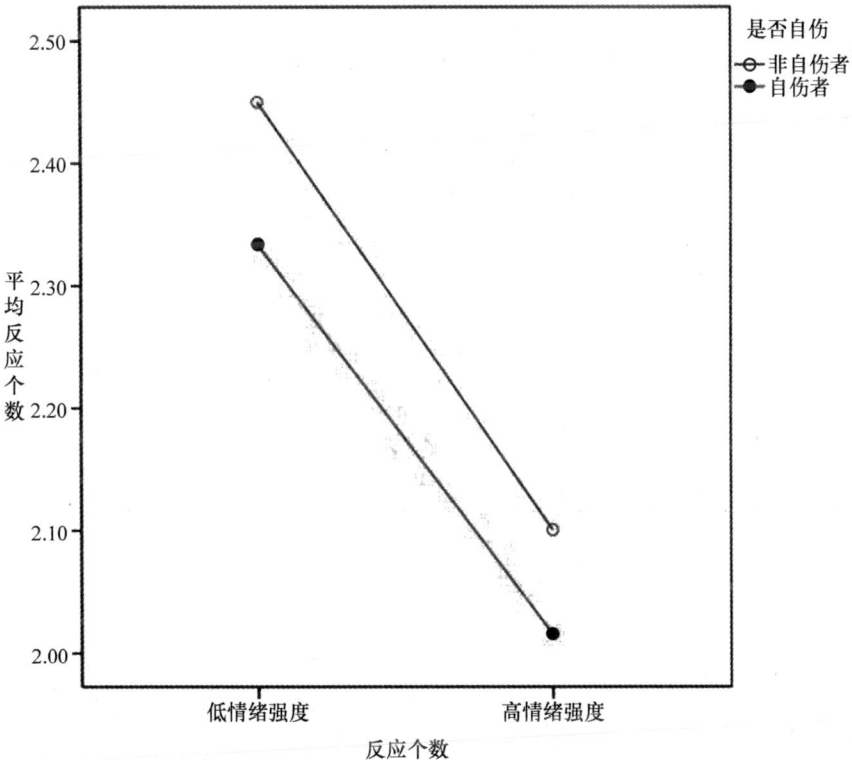

图5-7　不同情绪强度下自伤者和非自伤者的反应数量

表 5 - 24                    反应数量的重复测量方差分析

| 变量 | Mean Square | df | F | p |
|------|-------------|-----|-----|-----|
| 被试类型 | 0.21 | 1 | 0.45 | 0.51 |
| 情绪强度 | 2.34 | 1 | 11.71 *** | 0.00 |
| 被试类型 × 情绪强度 | 0.01 | 1 | 0.03 | 0.87 |

注：＊＊＊$p < 0.001$，＊＊$p < 0.01$，＊$p < 0.05$。

### 3. 在反应质量上的差异

根据《SPST 评分手册》对被试的每一个反应的质量进行评分（1—3 分，分数越高质量越高），然后分别计算被试在情绪唤起前后的平均质量，将其作为因变量进行重复测量方差分析。结果表明，两个自变量的主效应和交互效应均不显著（见表 5 - 25），这说明无论在高负性情绪还是低负性情绪下，自伤者和非自伤者所作出的反应的质量均不存在显著差异。

表 5 - 25                    反应质量的重复测量方差分析

| 变量 | Mean Square | df | F | p |
|------|-------------|-----|-----|-----|
| 被试类型 | 0.18 | 1 | 0.87 | 0.36 |
| 情绪强度 | 0.33 | 1 | 2.82 | 0.10 |
| 被试类型 × 情绪强度 | 0.03 | 1 | 0.25 | 0.62 |

### 4. 在最可能反应的质量上的差异

在想出的众多反应中，被试需要选出他最可能作出的反应，该反应的质量即为其"最可能反应的质量"。分别计算被试在负性情绪唤起前后在这一项目上的平均得分，然后进行重复测量方差分析，结果显示，自变量的主效应和交互效应均不显著（见表 5 - 26）。这表明，在高低情绪强度下，自伤者和非自伤者在最可能作出的反应质量上差异均不显著。

表 5 - 26　　　　　　　　**最可能反应质量的重复测量方差分析**

| 变量 | Mean Square | df | F | p |
|---|---|---|---|---|
| 被试类型 | 0.33 | 1 | 0.99 | 0.33 |
| 情绪强度 | 0.00 | 1 | 0.01 | 0.92 |
| 被试类型 × 情绪强度 | 0.08 | 1 | 0.27 | 0.60 |

### 5. 在自我效能感上的差异

在每个情境的最后一题中，会向被试描述一种目标，然后让其评估自己在多大程度上能达到该目标（0—4 分，分数越高表示能力越强）。然后分别计算在情绪唤起前后被试的平均自我效能感，进行重复测量方差分析后发现：被试类型和情绪强度的主效应均不显著，但二者的交互效应显著：$F_{(1,40)} = 4.59$，$p = 0.04$，效应量 $\eta p^2 = 0.10$（见表 5 - 27）。

表 5 - 27　　　　　　　　**自我效能感的重复测量方差分析**

| 变量 | Mean Square | df | F | p |
|---|---|---|---|---|
| 被试类型 | 0.11 | 1 | 0.22 | 0.64 |
| 情绪强度 | 0.87 | 1 | 2.97 | 0.09 |
| 被试类型 × 情绪强度 | 1.34 | 1 | 4.59 * | 0.04 |

注：＊＊＊$p < 0.001$，＊＊$p < 0.01$，＊$p < 0.05$。

进一步进行简单效应分析，结果表明：在高情绪强度和低情绪强度下，自伤者与非自伤者的自我效能感均不存在先显著差异。而对于自伤者来说，当情绪唤起后，自我效能感显著降低；而非自伤者的效能感在两种情绪状态下差异不显著（表 5 - 28，图 5 - 8）。

表 5 - 28　　　　　　　　**自我效能感的差异（简单效应）**

| | 组别 | | 均值差值 | p |
|---|---|---|---|---|
| 低情绪强度水平 | 自伤者 | 非自伤者 | 0.18 | 0.36 |

|  | 组别 |  | 均值差值 | $p$ |
|---|---|---|---|---|
| 高情绪强度水平 | 自伤者 | 非自伤者 | -0.32 | 0.11 |
| 自伤者水平 | 高情绪强度 | 低情绪强度 | -0.45* | 0.01 |
| 非自伤者水平 | 高情绪强度 | 低情绪强度 | 0.05 | 0.77 |

注：＊＊＊$p<0.001$，＊＊$p<0.01$，＊$p<0.05$。

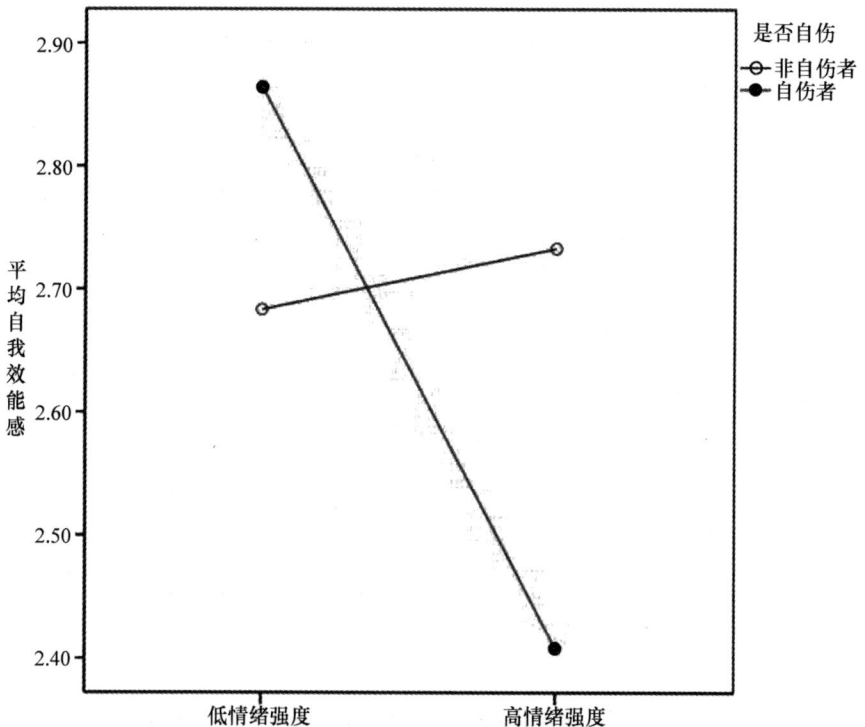

图 5-8　自我效能感的比较

## 七　讨论

### （一）情绪监测指标

本书中由被试主观报告当下的情绪强度，并采用生理数据对被试的情绪变化情况进行监测。研究中采集的生理指标为心率变异性（HRV）和被试的平均心率（AHR），具体来看，若被试的情绪被有效唤起，则其 HRV 参数（LF/HF）会减小，而平均心率会增加。

两组被试在刚进入实验时情绪均处于基线状态，数据显示两组被试主观报告的情绪强度差异不显著，在 HRV 的指标 LF/HF 上差异不显著，在 AHR 上差异也不显著。这符合本研究的要求，即两组被试情绪强度的基线不存在显著差异。

由于在本研究中，除要比较自伤组和非自伤组在基线强度下的表现外，还需要对两组被试在高负性情绪下的表现进行比较。因此在采用视频对被试进行情绪唤起后，要再次比较两组的情绪水平（即确定是否均达到高强度的负性情绪）。分析显示，两组被试主观报告的情绪强度差异不显著，这是因为研究根据被试在观看视频后自我报告的情绪强度，将未达到高情绪强度（所有情绪的强度均≤2分）的被试删除，因此进入分析的两个组的所有被试情绪强度均≥3，这使得两组被试都达到高负性情绪，且两组被试的差异不显著；同时，两组在 LF/HF 和 AHR 的差异也不显著，这说明研究采用的这两个生理指标基本上与被试的主观报告相吻合。不过，在对被试观看视频前后的情绪强度进行比较时，结果显示，从主观报告上看，被试在观看视频后，被试的情绪强度显著提高，但在 HRV 的指标（LF/HF）上差异不显著，且平均心率（AHR）还显著降低。这表明在这一过程中，被试的主观报告和生理数据的变化情况不太符合。根据假设，被试在观看视频后若情绪被有效唤起，其主观报告的情绪强度应显著提高，LF/HF 减小，AHR 显著提高。本书中之所以被试的生理指标未出现所期望的变化，很有可能是因为本书中采用短程 HRV 这一指标，每次记录的时长为 5 分钟，但本书所选用的视频片段并不能在 5 分钟内给被试提供持续的强烈刺激，而是在这一过程中的某一时刻会带给被试强烈的情绪，但后面随着视频情节的推进，被试的情绪可能会出现一定程度的平复，所以生理的数据未能很好地反映被试情绪变化的情况。

（二）SPST 结果

关于为什么自伤者不选择其他的方式进行应对，前文质性研究结果表明，最可能是因为个体的认知受限。具体体现为两个方面，一是当处于高情绪强度下时，难以想到其他有效的方式；二是自伤者自身的应对方式匮乏。为了对这一发现进行验证，本书提出了两个假设：在低情绪强度下，自伤者的社会问题解决能力低于非自伤者；在高情绪强度下，自伤者的社会问题解决能力低于非自伤者，且二者差距变得更大。本书采用"社会问题解决能力测验（SPST）"进行检验，结果未能很好地支持这两个假设，以下对几个指标分别进行讨论：

1. 归因类型

本书共涉及 9 种归因类型。在这些归因类型中，仅有"情境中立"这一归因在"情绪强度"这一变量上主效应显著。这表明，当不考虑个体是否自伤时，被试在低情绪强度下更多会将问题"既不归因于自己也不归因于别人"（如：妈妈为什么要唠叨你去打扫房间？因为我的房间很乱）。这可能是因为当被试处在低情绪强度下时，会倾向于将问题归因于外界，而当处于高情绪强度中时，可能更多会从人身上找原因。

这 9 种归因类型中，研究者最关注的是"自我—批评的归因"，因为前人研究表明，高水平的消极归因风格和压力性人际事件共同作用，能显著预测接下来 9 个月和 18 个月内自伤的增加。[①] 在本书的人际压力情境下，我们希望了解自伤者是否更容易对自己进行批评，以及当处于高情绪强度下时，自伤者的这种倾向是否更明显，但本书未能支持该假设。这有可能是因为本书所采用的 SPST 题量太小，被试在每种归因上的得分为 0—3 分，这会导致因变量的变化范围太小，从而难以灵敏地显示归因的变化情况；还有一种可能，因为 SPST 采用的是标准化的情境，这些情境虽然是大家很熟悉的情

---

① Guerry, J. D., & Prinstein, M. J., "Longitudinal Prediction of Adolescent Non-suicidal Self-Injury: Examination of a Cognitive Vulnerability-Stress Model", *Journal of Clinical Child & Adolescent Psychology*, Vol. 39, No. 1, 2010, pp. 77 – 89.

境，但它们与被试的真实生活依然存在一些差距，这就使得被试难以从自身出发去寻找原因，以至于"自我—批评"这一归因在被试的回答中很少出现。

2. 反应数量

在高情绪强度下，被试所能想出的反应个数显著少于在低强度下的数量。这表明，情绪强度对个体的社会问题解决能力造成了干扰。这意味着在高负性情绪下，无论是自伤者还是非自伤者，都可能会出现认知受限，使得个体无法有效应对当前的问题情境。

不过，研究结果未能支持假设。结果显示，在低负性情绪下，自伤者与非自伤者能想出的解决方法数量不存在显著差异，在高负性情绪下亦是如此。这可能是因为，当处于低强度的情绪中时，大多数自伤者和非自伤者在想出问题解决的数量上的能力本身就不存在差异。这与前文质性研究的结果相似，在质性研究中，仅有少量自伤者（4/18）提出觉得自身解决问题的能力较差。而高情绪强度下，二者有可能也不存在差异，因为当处于高情绪强度下时，许多人都可能会"头脑一片空白"，导致表现出问题解决方法的缺乏。既然自伤者与非自伤者在高情绪强度下都存在这种情况，那二者最终行为选择上的差异就应该是由其他原因造成。

还有可能存在如下原因：一是因变量取值范围较小导致变异难以体现出来；二是被试的回答可能会受到社会称许性的影响，因为本实验是一对一完成，被试可能倾向于不报告他们想到的不适应的解决方法，从而使得结果不准确；三是"反应数量"这一指标可能并不能很好地反映被试解决社会问题的能力。本书要求被试在 30 秒内想出尽可能多的解决方法，在这段时间内，自伤者与非自伤者均能想出一些解决方法；而在实际生活中，当面对压力事件时，二者的差异可能更多地体现在非自伤者能够更快地想出有效的解决方法，因此在以后的研究中，可以考虑将"被试想出第一个有效解决方法所花费的时间"作为一个指标。

## 3. 反应质量

研究使用《SPST 评定手册》对被试的反应进行评分，分数越高表示方法越积极。根据研究假设，自伤者的得分应该低于非自伤者。但研究结果却显示，自伤者和非自伤者在两种情绪状态下所作出的反应质量均无差异。这表明，自伤者和非自伤者在能提出的反应质量上可能确实不存在显著差异，自伤者并不是因为他们能想到的应对方法质量太差而自伤；而两组被试在不同情绪强度下的差异也不显著，可能是因为被试的应对风格是相对稳定的，所以他们解决方法的质量不会出现很大的变化。此外，具体分析被试的回答，可以发现可能是由于文化差异，本书中很多被试都会倾向于用"中庸"的方式来解决问题，而这种方式若根据西方研究者所开发的《SPST 评定手册》，就很可能会被评价为消极的解决方法。这就可能导致很多非自伤者因为采用温和的方式而在这一指标上得分较低，从而显示不出与自伤者的差异。

## 4. 最可能选择的反应的质量

研究结果表明，在两种情绪强度下，自伤者最可能选择的反应质量与非自伤者的选择并无显著差异。这表明在本书中，即使处于高情绪强度下，自伤者最可能作出的选择也并不比非自伤者消极。这一结果不符合研究假设，可能是由以下原因造成的：第一，被试认为自己会作出的反应并不一定就是他真正会作出的行为。在本书中，被试可以很冷静地回答自己的反应，但在真实情境中，尤其是自伤者，可能会作出更为消极的反应。第二，研究所选择的情境虽然是压力情境，但和会诱发个体产生自伤等行为的情境还是存在较大差异，在这些相对温和的负性情境下，自伤者的反应与非自伤者并不会有太大区别。第三，本书用视频来唤起高负性情绪，这种情绪虽然会对被试的反应产生影响，但与自己产生的高负性情绪相比，对被试的影响相对有限。

## 5. 自我效能感

自我效能是班杜拉在 20 世纪 90 年代提出的概念，是指一个人对自己有能力完成特定任务的信念。① 本书中所使用的"自我效能感"这一概念是指被试评估自身能完成 SPST 特定情境任务的信念，具体的测量方法为：对每种情境提出一种理想化的解决方法，然后让被试评价自己在多大程度上能达到该目标。研究假设认为，在高、低情绪下，自伤者的自我效能感均要低于非自伤者，但本书结果显示自伤者和非自伤者的差异不显著；不过，研究表明，对于自伤者来说，他们在高情绪强度下的自我效能感显著降低，而非自伤者未表现出这种变化。

上述结果提示，当处于低情绪强度中时，自伤者认为自己能比较好地达到目标，但当处于高强度的情绪中，自伤者对自身能力的评价显著下降；而非自伤者对自身效能的评价比较稳定，并未受到情绪强度的影响。这表明，自伤者对情绪强度可能更为敏感，当处于高强度的负性情绪下时，他们的自我效能感迅速降低。这与研究二对自伤前情绪强度的研究相呼应，即当个体处于高负性情绪中时，他们认为自己不能很好地处理好当下的问题情境，从而可能会倾向于用更为消极的方式（如常用的自伤方式）来进行应对。

而自伤者与非自伤者在两种情绪强度下差异不显著，有可能是因为样本的原因。虽然本书严格控制了自伤者的筛选标准，但实际上，仍然只有少部分自伤者的自伤程度比较严重，其他大部分程度较轻的自伤者与非自伤者在问题解决能力上可能并不存在显著差异。此外，本书中被试评估的对象是假设性情境的假设性目标，这与现实情境中被试要达到的实际目标还是存在一定的差距，因此可能并不能很好地反映出被试的自我效能感。

### （三）小结和展望

本书采用 SPST 任务考察了在高、低情绪强度下自伤者与非自伤者的社会问题解决能力，结果显示，在高情绪强度下，被试的社会问题解决能力降低，但自伤者与非自伤者在高、低情绪强度下的社

---

① 侯玉波：《社会心理学》，北京大学出版社 2013 年版，第 43 页。

会问题解决能力并不存在显著差异。这一结果表明，高情绪唤起会导致个体出现认知受限，但这一现象是普遍现象，在自伤者身上并不具有特异性。因此，对于"自伤者之所以不选择其他方式，是因为认知受限"这一质性研究的结论并未得到本书的支持。

对于这一结果，可以结合研究二的结论进行推论：对于自伤者来说，自伤是其应对困境的"优势反应"，在高情绪状态下，其优先被激活的反应是自伤，而其他反应（包括认知）同时受到抑制。

此外，以上结果可能是由本实验的不足所造成的：

首先，对关键变量的操作化。本书采用"社会问题解决能力"这一变量来代表自伤者面对负性情境时的认知能力，本身是合理的，因为自伤者是在解决社会问题的过程中出现问题从而导致自伤。不过在未来的研究中，可以考虑用其他方式来对被试的认知能力进行测量。因为这种标准化的情境呈现与自伤者真正面对的问题情境会有所不同，在以后的研究中，可以尝试设计更为巧妙的行为学实验，直接测量自伤者的"认知受限"。

其次，对情绪的处理。本书采用视频来唤起被试强烈的负性情绪，这种方式确实有效地唤起了被试的情绪，但问题在于，这种强烈的情绪与被试在问题情境中所体验到的情绪并不一定同步，所以在以后的研究中，尽量不要让情绪和时间隔离开。此外，本书采用主观报告和生理数据（HRV）结合的方式监控情绪，但生理数据的结果并未能很好地支持被试的主观报告，这说明有可能对情绪的检测上出现了问题，在以后的实验中要考虑采用更客观可靠的情绪测量方法。

最后，被试量太小。本书共有 55 人参加实验，但因为有 13 人未能成功诱发高情绪强度，导致最终只有 42 人（自伤组 22 人，非自伤组 20 人）的数据进入统计分析。当被试量过小时，就可能会造成统计结果不显著，未来可以考虑加大被试量。此外，这再次提示，在以后有必要采用更有效的情绪唤起方式，保证能有效唤起被试的高负性情绪。

# 第六章

# 自伤行为的发生过程及干预要点

结合前文中质性研究和量化研究结果，本章尝试对自伤行为发生的动态过程进行详细的分析，构建自伤行为发生的理论模型。并在此基础上进一步探讨对自伤进行干预时的要点。

## 第一节  自伤行为的发生过程

### 一  自伤的直接影响因素

研究一对 18 名自伤者进行深度访谈，并采用 CQR 方法对访谈材料进行分析。结果表明，从自伤的诱发事件产生到个体最终采取自伤行为，其直接影响因素可以划分为 4 个方面：触发事件、心理状态、自伤动机和方式选择。

### （一）触发事件

关于触发事件，一般来说，自伤者在自伤前都遭受了挫折。对于普通的大学生自伤者来说，其常见的挫折主要来源于学业和人际方面的挫折；此外，有些时候个体并没有遭遇具体的挫折事件，但是由于其在某一段时间之内遇到多个会诱发负性情绪的事件，导致其对某些很小的刺激产生了巨大的反应。总的来看，这些事件囊括了个体在生活中会遇到的大多数事件，因此，对于自伤者来说，具体的事件可能并不太重要，重要的是这些事件给他们造成的某些特定心理状态。

（二）心理状态

个体在自伤前一般处于强烈的负性体验中，从情绪种类来看，个体在自伤前典型的负性情绪为：愤怒、焦虑、自我不满、压抑、愧疚、抑郁、不知所措、孤独。这些感受有些指向并不明确，如焦虑、压抑、不知所措、孤独等，这些代表的是个体在当下的一种笼统的状态；而有一些则有明确的指向，例如，当觉得是别人导致自己处于困境中时，个体会对他人充满愤怒。而当个体将不好的事情归因于自身，例如当觉得是自己无能造成了别人的失望时，个体会感受到强烈的"对自己的愤怒"、自我不满，以及对他人的愧疚。从情绪强度来看，个体在自伤前是处于高情绪强度下，即对各个自伤者来说，其在自伤前的情绪强度要高于其他情形下的情绪强度。不过对于部分人来说，他们的这种高情绪强度历经了一个逐步恶化的过程，即负性情绪不断积累，直至控制不住；但对于另一部分人来说，也有可能是突然出现了情绪爆发。

关于自伤前的高情绪强度，研究二探讨了情绪强度对自伤者情绪调节方式的影响，并发现自伤者在高强度的负性情绪下对其常用自伤行为的反应时最长，这说明自伤者在高情绪强度下倾向于选择自伤。因此，进一步验证了高情绪强度对自伤的重要作用。

（三）自伤动机

自伤动机包括两个方面：个人层面和人际层面的动机。在个人层面，个体希望通过自伤来宣泄情绪、鞭策/提醒自己、转移注意，让自己清醒、自我惩罚、获得疼痛和展示力量。在人际层面，主要体现为希望通过自伤来处理人际问题，如控制父母、引起他人的注意等。这些动机与前人研究基本一致，如自伤最主要的动机是进行情绪调节，使用自伤来控制他人的个体相对较少。不过也有一些新的发现，例如，发现本书中，自伤者会希望借助自伤来鞭策/提醒自己，这可能与中国传统中"头悬梁锥刺股"的心理动机相类似，可能是在东方文化之下特有的一种动机。

（四）方式选择

当个体产生行为动机后，实际上有很多非自伤的方式可以帮助个体去满足这些内在的需求，例如，可以通过运动去进行情绪调节。但这些个体仍然选择自伤，这主要是因为一些特殊的因素，即"支持因素"和"限制因素"，导致个体最终选择了自伤行为。关于支持因素，研究显示，对于自伤者来说，他们选择自伤最普遍的原因是他人认为自伤具有其他方式所不具备的"优势"，因此对自伤行为的态度更加积极。此外，支持自伤的因素还包括工具易得、个体需要疼痛、模仿他人、自我控制减弱。至于限制因素，绝大多数自伤者报告了"认知受限"这一状态，此外自我保护和条件限制，也会阻止他们选择其他的反应。

后续又采用三个量化研究对其中涉及的三个因素进行了验证。

研究三探讨了自伤者对自伤行为的内隐态度，探讨自伤者是否对自伤行为的态度更为积极。通过比较自伤自愈者、自伤者和非自伤者对自伤行为的态度是否存在差异，以了解是否与自伤行为的产生及消失关系密切。研究显示，三组被试均将自伤与消极情绪联系起来；但在对自伤与自身形象的联系程度上，自伤者与非自伤者及自愈者都不存在显著差。这表明，自伤者对自伤行为的内隐态度并非是积极的，且它与自伤行为的产生及消失，关系似乎不太密切。

研究四则进一步研究了自伤的"优势"究竟体现在哪些方面。该研究比较了自伤与其他调节方式的差异，探讨是否自伤可以使自伤者更快地降低负性情绪、更有效地降低自我关注水平。结果表明，自伤能在更短的时间内让自伤者从负性情绪/认知中逃离；但从调节的效果来看，自伤和其他的调节方式并不存在显著差异。因此，总的来看，对于自伤者来说，最吸引他们的优势在于，它能够快速有效地调节好个体的情绪。

研究五考察自伤者在面对问题情境时（尤其是在高负性情绪下）是否表现出认知受限。结果显示在高、低负性情绪下，自伤者与非自伤者的社会问题解决能力均无显著差异；不过在高负性情绪下，自伤者解决问题的自我效感能显著降低，而非自伤者没有出现这种变化。这说明高情绪唤起会导致个体出现认知受限，但这一现象是普遍现象，在自伤者身上并不具有特异性；不过自伤者对情绪强度可能更为敏感，当处于高强度的负性情绪下时，他们解决问题的自我效能感迅速降低。

### 二　自伤的功能

在对研究一的访谈材料进行分析的过程中，研究者发现，有一个主题被频繁提及。虽然它不属于自伤行为的直接影响因素，但其与自伤的发生关系密切，且影响着自伤行为的发生进程，并能决定自伤行为是否被长期维持。它就是自伤的功能。

功能是指事物或方法所发挥的有利作用。自伤功能则是指自伤对个体产生了怎样的作用，即个体通过自伤获得了什么。自伤功能与自伤动机存在一定的对应关系。自伤动机是指个体想通过自伤获得一些东西，它促使个体自伤；在采取自伤行为之后，个体所获得的东西则是自伤实现的功能。根据研究一的访谈材料，自伤功能也划分为两类：个人功能和人际功能。

个人功能是指个体通过自伤获得了对自身的影响。所有自伤者都提到了自伤的个人功能，这一主要体现在以下方面：

1. 释放、缓解情绪。无论个体是出于个人还是人际层面的动机而自伤，所有自伤者都提到在自伤后情绪会得到缓解，心情会变好一些。如"通过力量的释放来释放情绪，感觉好过一些"，"将恨自己的感觉一部分转化为疼痛，不再那么强烈地恨自己，把情绪拉回到自己可以承受的水平"。对于这一功能，绝大部分个体认为自伤对于缓解情绪很有效，但是有 2 名自伤者提到，虽然自伤确实会让他们的情绪平静一些，但"感觉并没有变好"，"效果不大"。

2. 让头脑清醒，出现新想法。有 13 个个案提到，自伤后自己的头脑变得清醒，能从新的角度开始看问题，如"清醒了一些，改变了对事情的看法","清醒一下自己，想法改变，开始想如何解决问题"。

3. 阻断负性想法或感受。个体在自伤前会产生大量的负性想法和感受，有 10 名自伤者表示，自伤可以帮助他们摆脱这种不好的状态。如"中断（否定自己的）负性想法，不让情绪继续低落下去"，"阻断不好的想法，阻断烦躁的情绪"。

4. 鞭策自己。有 3 个个案提到自伤对他们起到了自我鞭策的作用，如"让自己振作起来，提醒、鞭策了自己"，"提醒自己，让自己清醒、有斗志"。

5. 自我惩罚。有 2 个个案提到了自我惩罚的功能："获得疼痛，惩罚了自己"，"给了自己惩罚"。

有 2 个个案报告了自伤的人际功能，即他们的自伤行为确实影响到了其他人。他们报告"这种方式（用扇自己耳光吸引他人注意）可以说是百试不爽"，"成功吸引了父母的注意"。但实际上，还有另外 2 个个案提到了他们试图用自伤来影响他人，不过以失败告终，"事情并没有改变（表白被拒）"，"因为没达到效果（别人并没有意识到他这是在表达对他们的不满），就算了"。这 2 个个案均报告，在用自伤解决人际问题失败后，就没有再用这种方式来处理过类似问题。

总的来看，关于自伤功能可分为个人功能和人际功能两大类，这与前人关于自伤功能的研究一致。不过从具体的功能来看，可以发现和前人的研究存在一些异同。相同点为：都认为自伤具有情绪管理、自我惩罚和人际影响这几大功能。差异体现在：对抗分离感、对抗自伤、恢复自己与他人界线这三种功能在本书中都未能出现。这有可能是因为本书中所选取的被试均为病理性不太严重的普通大学生，而"分离感"等现象一般是在精神疾病患者中出现[1]，因此，

---

[1] Bernstein, E. M., & Putnan, F. W., "Development, Reliability, and Validity of a Dissociation Scale", *The Journal of Nervous and Mental Disease*, Vol. 174, No. 12, 1986, pp. 727－735.

上述三种功能可能在临床样本中体现得更为明显；感觉寻求这一功能在本书中也没有出现，但它与自伤动机中"获得疼痛"存在一定关系，虽然自伤者想获得疼痛并非一定是为了感觉寻求，但其一般是通过疼痛来获得所寻求的感觉。本书也发现了自伤的一些新功能："让头脑清醒，出现新想法""阻断负性想法或感受""鞭策自己"。前两者体现的是自伤者对认知状态的管理，不过侧重点有所不同。"让头脑清醒，出现新想法"是指个体在自伤后能冷静下来，然后可以开始正常思考解决问题的方法。而"阻断负性想法或感受"则主要强调让个体终止负性认知。"鞭策自己"与自伤动机中的"鞭策/提醒自己"相呼应，有可能是中国文化背景下所特有的自伤功能。

本书中，自伤功能与自伤动机的关系非常密切。自伤动机是指个体希望通过自伤获得什么，而自伤功能指个体通过自伤获得了什么。结果显示，大多数自伤动机在自伤功能上都有所体现，不过二者还是存在一些差异。首先，有8个个案提到"自我惩罚"这一动机，但在自伤功能中，只有2个个案提到了"自我惩罚"；与此类似，有2个个案有"展示力量"的动机，但在自伤功能中，并没有出现与之对应的条目。这可能是因为虽然有个体是希望通过自伤来惩罚自己或展示力量，但在自伤后，他们获得更多的是自身状态上的调整，如情绪和认知上出现的改变。当他们平静下来后，可能会发现"自我惩罚"或"展示力量"已经变得不太重要，因此，这两者在自伤功能上体现得不明显或没有得到体现。其次，"获得疼痛"这一动机，虽然几乎可以对应于所有自伤的个人功能，但在自伤功能上却并没有出现这一功能。这可能是因为，获得疼痛本身是一种手段，而不是个体想获得的最终目的。最后，有8个个案提到自伤的人际动机，最终只有2人真正通过自伤达到了这一目的。有个案表示，在个体用自伤解决人际问题失败后，他们没有再用这种方式去处理类似问题。这一结果与从功能角度来理解自伤行为相一致，即行为是由它们即时的先行因素和后果决定。因此，若自伤的后果不好，个体在下一次就不会采取该行为；反之，如果自伤帮助个体

顺利达成目的，则其在这一次自伤中获得的功能就可能会成为下一
次自伤的动机（见图6-1）。

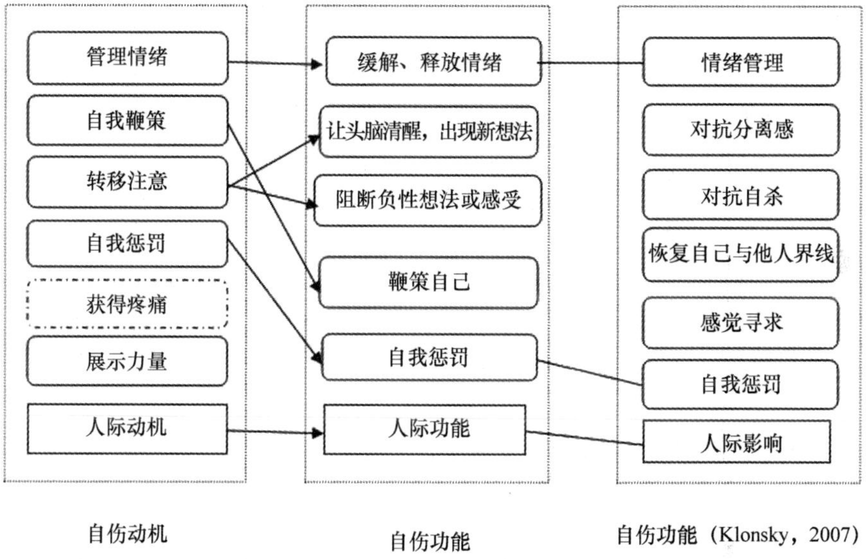

图6-1  综合比较：自伤动机与自伤功能的对应关系

### 三  自伤的发生过程模型

本书将自伤的影响因素限定为直接导致自伤发生的较为近端的
影响因素。研究发现，自伤行为的产生，包括五个相互关联的维度：
触发事件、心理状态、自伤动机、方式选择、自伤功能。

通过关注这五个维度之间的相互关系，可以进一步了解自伤行
为产生的原因，并初步描述自伤发生的动态过程：一般来说，个体
在自伤前都遭受了挫折，这些挫折事件会导致个体处于某种心理状
态。本书结果显示，在自伤前自伤者均处于负性体验中，而且这一
负性体验还具有两个明显的特征：一是强度大，二是存在一个逐渐
恶化的变化过程。个体在体验到强烈的情绪感受之后，会希望通过
某种方式来改善当前的处境，即产生行为的动机（自伤动机），研究
显示自伤动机包括两个方面：个人动机和人际动机。个体受到自伤

动机的驱使，并在某些因素（方式选择）的作用下采取自伤行为。自伤行为给个体带来个人或人际上的功能，这些功能与动机关系非常密切：自伤动机是指个体想通过自伤获得一些东西，它促使个体自伤；在采取自伤行为之后，自伤对个体所起的作用则是自伤功能。因此，大多数自伤动机在自伤功能上都有所体现，不过若自伤的结果不好，则个体在下一次就不会采取该行为；反之，如果自伤帮助个体顺利达成目的，则其在这一次自伤中获得的功能就可能会成为下一次自伤的动机（见图6-2）。

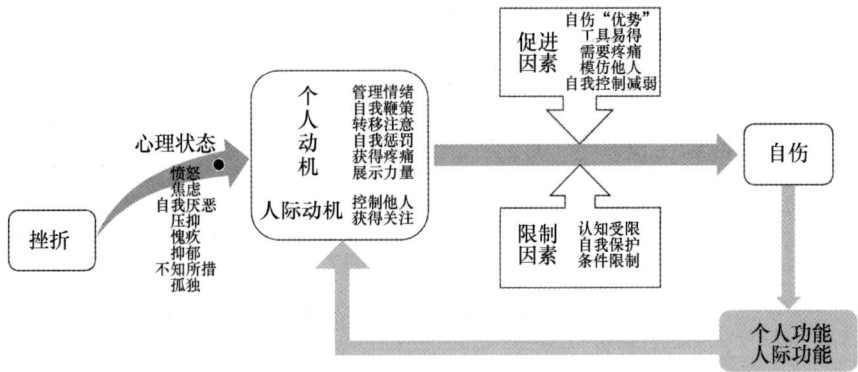

图6-2　自伤的发生过程模型

对于绝大多数人来说，这五个维度都在自伤的出现和复发中起作用。各维度之间的组合对每个人来说都是独特的。因此，在对自伤者进行干预的过程中，要评估对自伤者来说，哪些因素对其自伤的发生起着重要作用，并在治疗过程中充分考虑这些因素。

# 第二节　自伤的干预要点

在对自伤者进行干预时，要了解个体自伤发生的具体过程，关注自伤发生前的事件、感受、动机等，并需要了解其在当时的情形下为何选择自伤而非其他的方式，根据这些情况来制定具体的治疗目标。本书提示，可重点关注个体的情绪调节能力、个体对自伤的态度、个体的情绪调节策略、个体的自我效能感等方面。具体来看，可以考虑以下几个干预要点：

### 一　提升情绪调节能力

研究显示，只有在体验到强烈的负性感受时，个体才可能会出现自伤行为。因此，这一方面提示治疗师更多看到自伤者已具有的能力，即自伤者有方法应对一般的负性情绪，只是在处理高强度的负性情绪时存在困难；另一方面，在对自伤者进行干预时，可与其探讨能有效应对高强度负性情绪的方法，并协助其进行练习；此外，还可从源头上对自伤行为进行干预，即阻止其强烈负性情绪的产生（如及时避开有冲突的情境），从而避免自伤行为的产生。

在对自伤者进行干预时，要解决的核心问题就是自伤者的情绪失调，尤其是其对高强度负性情绪的应对能力。为此，可以参照辩证行为疗法（DBT）的相关技术，与自伤者开展工作。

首先，教给来访者一些情绪调节技能，以提高其情绪意识和理解能力，教会来访者识别和标记情绪。具体而言，教会来访者识别情绪反应的所有组成部分（生理、心理和行为），不同的情绪事件（以及对这些事件的解释），以及情绪对其功能的影响。例如，鼓励生气的来访者识别与生气相关的身体感觉（例如：心跳加快、下巴紧张），与生气相关的冲动行为（例如：声音升高、拳头紧握），生气的环境诱因（例如：被同学误会），对这些事件的解释（例如："他冤枉我，这不是我做的！"），以及生气的后果（例如：增加与同学沟通的动力等）。此外，教导来访者识别其情绪的功能。其结果之一可能是个体的情感接受度增加。

其次，教给自伤者一些痛苦容忍技能。即教会来访者忍受和接受痛苦情绪，并强调在不试图改变这些情绪的情况下接纳个体的情绪的好处。此外，鼓励个体接受当下的现实，使用特定的技能增加个体对现实的接受度和意愿（区分接受度和认可度，并将意愿视为主动选择），以及在痛苦时控制行为（例如：通过分散注意力和自我安慰技巧来控制行为，而不是冲动行事）。还有技能强调考虑个体行为的短期及长期后果。

最后，正念技能（DBT 的核心技能）也可以促进情绪调节。DBT 内有六种正念技能，其中三项专注于做什么，其他三项专注于如何做到这一点。这些"what"技能（观察，描述和参与）和"how"技能（非判断性，一心一意和有效）一般相互结合使用，其中前者指向要练习的行为，后者指向这种行为的质量。某些正念技能可促进对自身内部经历（包括情绪）的非判断性意识，教会来访者观察当下发生的内部经历，并客观地标记这些经历（不将其评价为"好"或"坏"）。

## 二 改变自伤者对自伤行为的态度

本书显示，多数自伤者并不认为自伤是一种异常的行为，相反，他们认同自伤的"优势"，对自伤有着更为接纳的态度。

在针对这部分进行工作时，一方面，可以向个体介绍自我伤害的功能，提供心理教育，并帮助来访者确定自己的自伤功能。在此基础上，自伤者可能会对自身的自伤行为产生更深刻的认识。

另一方面，自伤个体可能拥有一种自动化的思维，认为"自伤是应对我当下状况的唯一方法"，这一想法是推动个体自伤的关键因素。① 因此，有必要和自伤者一起梳理这一行为可能对其产生的影响，并理解这一行为并非是其在面对高负性情绪时的最优选择。

此外，让自伤者看到，用自伤行为来回避痛苦情绪，并不能帮助其真正解决问题。告知自伤者，不接受和回避负性情绪，会放大情绪，使痛苦的体验增强。还可进一步告知来访者，接纳情绪比回

---

① Walsh, B. W., *Treating Self-Injury: A Practical Guide*, New York: Guilford Press, 2000, p. 152.

避情绪所受的痛苦更少，因为它可以防止情绪唤醒的扩大。

最后，咨询师还可考虑直接针对自伤者的态度进行工作，例如采用内隐联想训练等方式，改变自伤者对自伤行为的态度。

### 三 学习自伤的替代方法

虽然自伤者认为自伤可以帮助他们更好地解决问题。但本书提示可能某些适应性的方法对他们同样有效。因此，可以帮助自伤者寻找一些与自伤具有相同"功效"的方法，并让自伤者在生活中尝试使用，从而逐渐替换掉他们的自伤行为。

在具体干预中，可鼓励自伤者进行替代技能训练（Replacement Skills Training）。最初，咨询师与来访者一起探讨想要学习何种技能，并在咨询室里一起练习。一旦当来访者学会这一技能之后，就可以在家里、学校、工作、社交等场合反复进行练习，并对这些技能的实际效果进行检验。最终，来访者会掌握一套适用于自身的技能，在关键时刻可以替代自伤行为。

常见的替代方式有如下几种：

（一）写作

有研究者认为，言语表达很重要，因为它为控制压倒性的情绪提供了基础。他们采用写作来帮助当事人控制自伤行为，在这项治疗计划中，当事人需要按顺序进行 15 项书面作业，这些书写任务的话题包括自传、自我评估、讨论一生中最有影响力的女性和男性、对自我伤害的感受、对未来的计划等。[①] 这些话题中有些并不涉及自伤行为，但它们可以帮助个体减少自我伤害。

（二）艺术表达

对于喜爱某种艺术形式的自伤者来说，可以将艺术表达作为一种有效的替代行为。在使用这种方法时，并不需要咨询师是艺术治

---

① Austin, L., & Kortum, J., "Self-injury: The Secret Language of Pain for Teenagers", *Education*, Vol. 124, No. 1, 2004, p. 11.

疗师，而是可以鼓励自伤者进行艺术表达，进而将其作为自伤可能的替代技能。有研究者报告过一例个案，其热爱用黏土进行雕刻，咨询师鼓励她，在经历自伤行为的诱发线索时，便例行拿出自己的美术用品并开始雕刻。她发现，如果她工作 30 分钟到一个小时，自我伤害的强烈冲动就会过去。然后，她可以回归正常的日常活动。[①]此外，常用的艺术表达形式还包括书法、绘画等，当个体感觉到烦躁时，可以采用这些方式降低其自伤冲动。

（三）听音乐

音乐是许多人的主要替代技能。个体可以通过有意识地和集中地专注于旋律，特定的乐器，力度，节奏等来倾听音乐，这可以帮助他们将注意力从消极的状态中转移。不过需要跟当事人一起讨论适合的音乐类型。例如，有的音乐可能会使他们感到生气或烦躁，有音乐还会加剧其沮丧和孤独感。因此，总的来说，听音乐通常算是一种有效的转移技巧，但应选择适合于当事人的音乐，以免其导致个体状态变得更差。

（四）与他人沟通

与他人交流也是自伤的有效替代方法，但应针对具体情况进行具体分析。若个体在状态不好时，与习惯贬低或嘲笑他的人进行交流，则会导致其变得更加沮丧和绝望。因此在考虑采用与他人沟通的方法时，要首先避免与这些人的交流。相对来说，可以为其提供良好支持的亲密的家人或朋友会是较好的交流对象，因为他们对自伤者有更多的了解，同时关系也较稳固。总的来说，朋友和家人并不需要像咨询师一样给予其专业的治疗，而是主要提供关心和支持，这一点就可以帮助很多当事人缓解其负面的情绪。

总的来说，还有多种方法都可能成为自伤的有效替代方式。治疗师与当事人一起确定适合个人的技能，并不断进行练习，最终掌

①　Walsh, B. W., *Treating Self-Injury: A Practical Guide*, New York: Guilford Press, 2000, p. 130.

握能有效管理情绪困扰的技能，从而替换掉自伤行为。

### 四　增强自伤者问题解决的自我效能

研究显示，自伤者选择自伤而非其他方式的最主要的原因之一是认知受限，具体体现为，当处于高强度负性情绪中时，自伤者对自身能力的评价显著下降。因此，咨询师可以通过问题解决策略的辅导和心理效能训练等方式，提升其对自身问题解决能力的自我效能感。

一方面，与自伤者进行社会问题解决技能训练，提升其解决问题的自我效能。主要体现在帮助当事人一起去探索和练习更多的积极的、适应性的问题解决方法，帮助当事人可以更有效应对生活中的挫折和挑战。另一方面，提升个体的自尊，从根本上提升自伤者的自我效能。咨询师在与当事人的互动中，帮助其从自身的变化中去体验到成功和进步，增强自我效能，从而能更有效地应对和处理所面临的问题。

在这一过程中，可以考虑应用认知疗法的相关技术。先识别出当事人的核心思维/信念。核心思维趋向于是总体的、牢固的，不容易改变的和过度概括的；核心信念是关于自我认知、世界认知和未来认知的基本信念。对于自伤者来说，他们的核心信念可能包括"我是一个没有能力的人（因此，我没有能力应付生活中的问题）"。在他们工作的过程中，需要让当事人意识到，他的想法并不是事实，不过他的自伤行为会被这些有问题的想法所支持，因此需要在治疗的进程中进行改变。

在提升自伤者自我效能的过程中，需要依赖一些治疗关系中不能被叫作"技术干预"的部分。即治疗关系本身会变成一种治疗工具，它能够使当事人恢复，虽然比较慢，但是较好地促进个体的自我接纳，增强自我价值感。

# 第 七 章

# 研究总讨论与研究结论

## 第一节　研究总讨论

### 一　研究发现

本书旨在考察自伤行为的影响因素，重点关注哪些因素直接导致自伤行为的发生，以及特定因素与自伤行为之间的具体关系。在此基础上形成对自伤行为发生过程的全面认识，本书通过三部分的研究来探讨三个主要的研究问题：①在何种特定的情境之下，个体会产生自伤行为，在这一过程中，哪些因素会导致个体最终选择了自伤这一行为。②对于某些特定的因素，其与自伤行为之间的具体关系是什么，这些因素能否推广到一般的自伤者身上。③自伤行为的动态过程是什么，在对自伤进行干预时，需要从哪些方面着手。在具体探讨上述问题的基础上，本书较为详细地描述了自伤行为的发生过程，从这一过程可以看到，个体之所以会选择自伤，可能在每一阶段都有一些特殊的原因。这些因素导致他们最终选择用自伤来处理自身的困境，而没有采用其他更适应的或是更极端的方式。总讨论部分将重点讨论本书得出的四个重要发现：①自伤行为的发生过程。②高情绪强度对自伤行为的影响。③自伤者对自伤行为的内隐态度。④自伤与其他情绪调节方式的比较。最后，探讨研究模型对相关领域的理论构建和临床实践的启示。

（一）自伤行为的发生过程：特殊因素导致自伤的发生

本书的第一个发现是，明确了自伤的发生过程，并发现在自伤的发生过程中，每一个重要的阶段都存在一些特殊因素。

研究一对 18 名自伤者进行深度访谈，并采用 CQR 方法对访谈材料进行分析。结果表明，从自伤的诱发事件产生到个体最终采取自伤行为，影响其最终选择自伤的因素可以划分为 4 个方面：触发事件、心理状态、自伤动机、方式选择。从这 4 个方面出发，再结合对自伤功能的分析，可以初步描述自伤发生的动态过程。而在这每一类关键的因素中，都有一些特征值得注意。

关于自伤的诱发事件，本书发现个体在自伤前都遭遇挫折性事件。前人研究一般将自伤的诱发事件笼统称为"压力性事件"，但本书对这些事件的性质进行进一步的细分，即在生活中遭受挫折，对于学生来说，可能主要是体现在学业、人际、和一段时间内的多次挫折。

在心理状态上，本书结果显示，在自伤前自伤者均处于负性体验中，而且这一负性体验还具有两个明显的特征：一是强度大，二是存在逐渐恶化的变化过程。本书发现，虽然在自伤前，个体的愤怒、焦虑等情绪更常见，但也有个体在自伤前体验到的是抑郁、孤独等负性情绪。所以总的来看，具体的情绪种类可能不太重要，更为关键的是，当这些情绪的强度足够大时，就可能会导致个体产生强烈的自伤冲动。此外，个体在自伤前可能会经历情绪逐渐恶化的过程，就像"情绪级联"，即个体在负性状态中进行更多的反刍，进而导致个体的情绪变得极端糟糕。[①] 当个体的情绪积累到一定程度后，他们就可能会采取自伤等极端行为伤害自己。

---

① Selby, E. A., Franklin, J., Carson-Wong, A., & Rizvi, S. L., "Emotional Cascades and Self-Injury: Investigating Instability of Rumination and Negative Emotion", *Journal of Clinical Psychology*, Vol. 69, No. 12, 2013, pp. 1213 – 1227.

　　关于自伤的动机，本书还发现中国的自伤者可能具有某些独有的特征。例如本书中有多位自伤者提出"自我鞭策"这一自伤动机，主要表现为他们希望用这种方式来鞭策、逼迫自己努力学习或提醒自己以后不要犯类似错误。这一动机在以西方人为被试的研究中极少被提及，所以这有可能是在东方文化背景下特有的一种动机。

　　此外，本书着重强调了"为什么选择自伤而非其他行为"这一问题，目前针对这一问题的研究相对较少，本书则从两个方面（支持因素、限制因素）详细地回答了该问题。关于支持选择自伤的因素，研究显示，对于自伤者来说，他们选择自伤最普遍的原因是这些行为能给他们带来某些特殊的获益，这就使得他们对自伤的评价比较正面，进而对自伤产生认同，最终导致个体在需要达到某些目的时，更倾向于选择自伤行为。客观环境对个体最终选择自伤行为也有重要影响，还有一部分个体选择自伤是因为自伤能带来疼痛或是因为受了他人影响，还有人认为，他们之所以会选择自伤，是因为在高情绪强度下他们对自伤的恐惧降低，平时不敢做的行为在此时也会出现。至于为什么不选择其他的方式，许多自伤者报告当处于当时的高情绪强度下时，他们想不到其他方式；或是虽然能想到，但无法实施；另有少量个案认为是因为自身的应对方式匮乏导致他们无法选择其他方式。具有自我保护意识是他们不选择其他更危险方式的一个重要因素。最后，客观环境也会限制他们所能作出的反应。

　　将上述结论与 Nock 的六种假说（社会学习假说、自我惩罚假说、社会信号假说、实用主义假说、痛感缺失假说、内隐认同假说）进行对比，可以发现本书所得到的结论更详细地解答了"为什么个体选择用自伤而不是其他行为来调节情绪和体验"这一问题。一方面，本书的结论很好地支持了这六种假说，例如：本书结果显示，自伤者对自伤具有积极评价，这对应了"内隐认同假说"；本书认为自伤能帮助个体"有效"地达到自己的目的，这间接对应着"社会信号假说"，因为有些时候个体就是因为采用其他方式无效而最终选择了自伤；"简单直接"则对应"实用主义假说"；"自伤能带来疼痛"则与"痛觉缺失假说"和"自我惩罚假说"关系密切；"模仿他人"则直接对应"社会学习假说"。从以上对比可以看出，本书所得到的结论基本上涵盖了 Nock 提出的这六种假说，但具体来看，各对应项之间的关系并非完全等同。此外，本书的结论进一步扩展了前人所提出的假设：本书除了探讨"为什么选择自伤"，还从"为什么不选择其他方式"入手，从侧面更深入地了解个体自伤的原因。例如，研究结果显示，当处在高负性情绪下时，许多自伤者是因为想不到其他的方式才选择了自伤，这就提示有必要关注自伤者的"认知受限"这一特殊的状态。总的来看，本书对自伤的近端影响因素进行了比较全面的探索，从客观和主观的各个方面了解哪些因素会导致个体产生自伤行为，这有助于研究者扩展对自伤近端影响因素的认识，了解是哪些因素可能会直接导致个体产生自伤行为。

（二）高情绪强度对个体自伤行为的产生有重要影响

高情绪强度会显著影响自伤行为的产生，这一影响主要体现在以下两个方面：

1. 高情绪强度下，自伤者倾向于选择自伤行为

质性研究结果表明，个体一般是在高负性情绪下自伤，在此基础上本书检验这一假设：自伤者在高负性情绪下会偏向于选择自伤行为，而在低负性情绪下不会产生这种偏向。本书采用改良的 Stroop 任务，结果证实了这一假设，即自伤者在高情绪强度下，对其常用自伤行为的反应时最长。

根据本书的结果，可以发现在高负性情绪状态下，自伤者会倾向于选择其常用的自伤行为，而在低强度的负性情绪下则不会出现这种行为。这表明个体在自伤前的情绪特征主要体现在唤醒度上，即高情绪强度是导致个体自伤的一个关键因素。此外，本书关注的是个体在自伤前的高情绪强度状态，而非前人所强调的自伤者的高情绪反应性。结果显示，当面对负性情绪性事件时，并非所有自伤者都会体验到高强度的情绪：产生高强度负性情绪的那部分个体倾

向于选择自伤，而没有产生高强度负性情绪的个体则不会产生这种倾向。

这些结果有助于我们进一步了解自伤发生的情绪背景，即自伤前情绪的特征体现在情绪强度，而非情绪种类上。此外，本书还有助于我们进一步认识到自伤前的"高情绪强度"与自伤者的"高情绪反应性"是不同的概念：作为具有"高情绪反应性"特征的自伤者，当触发事件未能诱发其产生高强度的负性情绪时，他可能也不会选择自伤。

2. 高情绪强度下，个体解决问题的自我效能感显著降低

根据质性研究的结果，自伤者不采用其他方式的最主要的原因之一是认知受限。为检验这一假设，本书探索了在高低情绪下个体的社会解决能力，结果表明，在高情绪强度下，被试的社会问题解决能力降低，但自伤者与非自伤者在高、低情绪强度下的社会问题解决能力并不存在显著差异。这一结果说明，高情绪唤起会导致个体出现认知受限，但这一现象是普遍现象，在自伤者身上并不具有特异性。

不过研究显示，当处于低情绪强度中时，自伤者认为自己能比较好地达到目标，但当处于高强度的情绪中，自伤者对自身能力的评价显著下降；而非自伤者对自身效能感的评价比较稳定，并未受到情绪强度的影响。这表明，自伤者对情绪强度可能更为敏感，当处于高强度的负性情绪下时，他们对自身解决社会问题的自我效能感迅速降低。

这一研究有助于我们进一步了解自伤者的"认知受限"：自伤者与非自伤者在一般社会问题的解决能力上并不存在显著差异；不过，高情绪唤起会导致个体出现认知受限，但这并非是自伤者所特有的特征。可以将此结果与研究二的结果结合起来进行推论：对于自伤者来说，自伤是其应对困境的"优势反应"，在高情绪状态下，其优先被激活的反应是自伤，而其他反应（包括认知）同时受到抑制。

（三）自伤者对自伤行为的态度更为积极，对自身的态度更为消极

本书质性研究结果表明，自伤者对自伤行为的看法更为积极。他们倾向于认为自伤行为是一种有效调节情绪的方式，且不会对自身造成消极影响。这一发现支持"内隐认同假说"，即某些个体在采用自伤后，会对这一行为产生认同，将自伤看作一种达到自伤功能的有效方式。关于自伤者对自身的态度，质性研究部分显示，自伤者在遭遇挫折事件时，经常会体验到对自身的愤怒。他们觉得自己不够好，所以容易产生针对自身的攻击。

不过，在对这一因素进行量化检验时，结果却显示自伤者与非自伤者、自伤自愈者对自伤行为的内隐态度并不存在显著差异。因此，关于这一因素对自伤究竟有何影响，值得进一步研究。

（四）自伤比其他方式能更快调节情绪，但调节效果并不会更好

本书质性研究部分发现，许多自伤者之所以选择自伤，是因为自伤具有"优势"。之后的量化研究部分，将自伤与其他情绪调节方式（听音乐）进行比较，结果发现，二者的差异体现在作用时间上，即自伤可以帮助个体更快地平静下来。不过从降低自我关注的角度来看，自伤与其他方式并不存在显著差异。

这一结果表明，自伤可能确实存在一些"优势"，例如，能让个体更快地平静下来。实际上，这正是许多自伤者选择自伤的原因，即相对于其他方式，自伤能更好地帮助个体达到自己的目的。另一方面，本书结果显示，在对自伤者进行干预后，其自我关注水平均显著下降，但自伤组与听音乐组的效果并无显著差异。这表明，这两种方式均能让个体"分心"，从而使得两组被试在自我关注水平，以及作为实验操作有效性指标的情绪调节水平均下降；不过，这两组的自我关注变化量并不存在显著差异，这可能意味着自伤与听音乐在对个体自我关注水平的影响上没有差异。这说明，其他方式同

样能够达到自伤的调节效果，只不过所需要的时间更长。

## 二　研究的启示

关于自伤行为的影响因素，目前国外已经有大量的研究，但对于自伤近端影响因素的研究较少。本论文首先对自伤的近端影响因素进行了细致探讨，尤其关注了个体选择自伤而不选择其他行为的原因，从而更多地了解了自伤产生的具体过程，并发现一些重要的近端影响因素。然后在此基础上采用量化的方法，对这些因素进行进一步检验。

从临床上看，本书提示，在对自伤者进行干预时，要详细了解其典型的自伤情形，关注自伤发生前的事件、感受、动机等，并详细了解其在当时的情形下为何选择了自伤而非其他的方式，根据这些情况来制定具体的治疗目标。同时，对具体的自伤情形有了大致了解后，治疗师可以更好地识别和理解自伤当事人的心理感受，也能更准确地发现其问题所在。此外，质性和量化研究都强调了高情绪强度对自伤的重要作用，因此，在对自伤者进行干预时，可以考虑围绕这一因素进行工作，例如，探讨是否可以在事件发生后及时进行处理，防止其加剧到不可控的程度。

从研究上看，本书首先采用质性研究对个体选择自伤的原因进行了全面的探索，然后再采用量化方法进行进一步检验。这提示我们，当需要对问题产生新的认识时，除了充分总结分析前人的研究结论，也可以考虑从研究群体的实际经验出发，从中发掘有意义的变量。当发现感兴趣的变量后，为达到更深入的认识，可以考虑采用量化方法进行验证。而且，当涉及情绪等相关变量时，可以考虑对与情绪相关的生理指标进行监控，从而加强研究的客观性。

## 三　研究不足及展望

本书的不足主要体现在以下几个方面：

首先，研究被试的局限。本书主要采用自伤者作为研究对象，所有被试均从大学生中选取。虽然本书采取严格的标准对被试进行了筛选，但总体来看，所选样本的自伤情况均比较轻微，这就造成所得结论在推广到严重自伤者身上时需要谨慎。以后的研究可以选用不同自伤水平的被试，对研究结果的可推广性进行进一步检验。

其次，对变量的操作化。本书后四个研究均为实验研究，因此，在进行实际操作时，均采用易量化的方法来对自变量和因变量进行测量，但这些操作化与实际的情况会有差距。例如，当采用观看视频的方法来诱发被试的高情绪强度时，尽管被试的自我报告和客观数据均显示其有效唤起了高负性情绪，但这些情绪与个体在自伤前真实体验到的情绪并不一样；还有用个体在"社会问题解决技能测验"中的得分来测量其认知受限，虽然前者在某种程度上能反映后者的水平，但其并不一定能真正代表"认知受限"。在未来的研究中，可以继续寻找更为有效的操作化方式。

最后，在研究内容上，虽然本书对四个重要的变量进行了量化检验，但实际上，值得进一步去研究的因素还有很多。例如：自伤者对疼痛的需要、自伤的自我鞭策功能、自伤者的自我保护意识等，这些都是前人研究中很少提及的因素，但它们很显然与自伤的关系非常密切。因此，可以在本书的基础上对这些因素进行进一步检验。

### 四　未来研究方向

目前的研究对于自伤的近端影响因素进行了较详尽的探索，并在此基础上对几个典型的近端影响因素进行了量化检验，但仍有一些问题需要在未来的研究中予以关注：

第一，寻找最具代表性的自伤影响因素。本书较全面地探讨了自伤的近端影响因素，并初步检验了其中几个因素与自伤的关系，但是目前仍然没有寻找出最具有代表性的影响因素。因此，未来有必要在理论分析的基础上，对最具代表性的自伤近端或远端因素进行检验，以期能寻找到具有高解释力的影响因素。本书已经初步发现了一些值得进一步关注的因素，有必要在此基础上，进一步探索最核心的自伤影响因素。

第二，描述自伤的发展路径。尽管目前研究者已经发现了许多影响因素，而且本书也发现了一些值得注意的因素，但这些影响因素并不足以解释为什么他们会采取这种行为。因此，有必要在未来进一步探索各影响因素之间的联系，并对自伤如何产生有一个更为清晰的了解。

第三，关于不同类自伤者的影响因素。前人研究将自伤者分为两类：病理性自伤者和非病理性自伤者①，然而各具有哪些影响因素，或是这两类人是否具有同样的影响因素，目前该领域的研究还非常缺乏。本书中将自伤者作为一个整体进行研究，并未对各类自伤者进行区分，因此在未来可以考虑分别对两类人进行研究，以期能寻找到区分出病理性自伤与非病理性自伤的关键影响因素。

第四，关于自伤产生的机制。目前研究者多是从几个关键的影响因素出发，然后检验这些变量与自伤之间的关系，而且近年来也出现了越来越多的纵向研究来帮助我们了解自伤的产生原因，例如，有研究显示，消极认知风格能预测两年半后自伤的发生②；抑郁症状、家庭功能不良和行为冲动能共同预测第二年自伤的出现和重复③，这些研究有助于我们了解与自伤的发生关系密切的因素。此外，本书中虽然描述了自伤可能的产生过程，但是为什么这些因素能预测自伤的发生，以及这些因素如何导致自伤行为的产生，都需要进行更多研究。

---

① 于丽霞：《一样自伤两样人：自伤青少年的分类研究》，博士学位论文，华中师范大学，2013 年。

② Hankin, B. L., & Abela, J. R. Z., "Nonsuicidal Self-Injury in Adolescence: Prospective Rates and Risk Factors in a 2.5 Year Longitudinal Study", *Psychiatry Research*, Vol. 186, No. 1, 2011, pp. 65 – 70.

③ You, J., Leung, F., Fu, K., & Lai, C. M., "The Prevalence of Nonsuicidal Self-Injury and Different Subgroups of Self-Injurers in Chinese Adolescents", *Archives of Suicide Research*, Vol. 15, No. 1, 2011, pp. 75 – 86.

# 第二节　研究结论

本书通过三部分的研究，在考察自伤行为影响因素及发生过程的问题上，总体得出了以下结论。

1. 从自伤发生的角度来看，自伤行为是一种在多种因素的共同作用下出现的行为。从自伤的诱发事件产生到个体最终采取自伤行为，影响其最终选择自伤的因素可以划分为 4 个方面：触发事件、心理状态、自伤动机、方式选择。还有自伤功能也在其中起到重要作用。

2. 高强度的负性情绪与自伤行为的关系非常密切。一方面，在高负性情绪下，自伤者更倾向于选择自伤行为，而在低负性情绪下不会产生这种倾向。另一方面，在高负性情绪下，自伤者解决问题的自我效感能显著降低，而非自伤者没有出现这种变化。

3. 自伤者对自伤行为的看法更为积极，他们倾向于认为自伤行为是一种有效调节情绪的方式，且不会对自身造成消极影响。但这一结论未被量化研究支持。

4. 自伤与其他方式相比，最大的优势体现在作用时间上，即自伤可以帮助个体更快地平静下来；但在对个体的调节效果上，自伤与其他方式并不存在显著差异。

5. 在高、低负性情绪下，自伤者与非自伤者的社会问题解决能力均无显著差异；不过在高负性情绪下，自伤者解决问题的自我效感能显著降低，而非自伤者没有出现这种变化。

# 参考文献

江光荣：《人性的迷失与复归：罗杰斯的人本心理学》，湖北教育出版社 2000 年版。

江光荣：《心理咨询的理论与实务》，高等教育出版社 2012 年版。

江光荣等：《自伤行为研究：现状、问题与建议》，《心理科学进展》2011 年第 6 期。

王紫薇、涂平：《社会排斥情境下自我关注变化的性别差异》，《心理学报》2014 年第 11 期。

于丽霞、江光荣、吴才智：《自伤行为的心理学评估与治疗》，《中国心理卫生杂志》2011 年第 12 期。

于丽霞、凌霄、江光荣：《自伤青少年的冲动性》，《心理学报》2013 年第 3 期。

于丽霞：《一样自伤两样人：自伤青少年的分类研究》，博士学位论文，华中师范大学，2013 年。

［丹］斯丹纳·苛费尔、斯文·布林克曼：《质性研究访谈》，范丽恒译，世界图书出版公司 2013 年版。

［美］埃文·赛德曼：《质性研究中的访谈：教育与社会科学研究者指南》，周海涛等译，重庆大学出版社 2009 年版。

［美］马克·杜兰德：《变态心理学纲要》，王建平等译，中国人民大学出版社 2000 年版。

［英］保罗·贝内特：《异常与临床心理学》，陈传峰等译，人民邮电出版社 2005 年版。

American Psychiatric Association, *Diagnostic and Statistical Manual of Mental Disorders* (5th ed.), Washington, DC: Author, 2013.

Chapman, A. L., Gratz, K. L., & Brown, M. Z., "Solving the Puzzle of Deliberate Self-Harm: The Experiential Avoidance Model", *Behaviour Research and Therapy*, Vol. 44, No. 3, 2006, pp. 371 – 394.

Fliege, H., Lee, J. R., Grimm, A., & Klapp, B. F., "Risk Factors and Correlates of Deliberate Self-Harm Behavior: A Systematic Review", *Journal of Psychosomatic Research*, Vol. 66, No. 6, 2009, pp. 477 – 493.

Fox, K. R., Franklin, J. C., Ribeiro, J. D., Kleiman, E. M., Bentley, K. H., & Nock, M. K., "Meta-Analysis of Risk Factors for Nonsuicidal Self-Injury", *Clinical Psychology Review*, Vol. 42, No. 6, 2015, pp. 156 – 167.

Gratz, K. L., "Risk Factors for Deliberate Self-Harm Among Female College Students: The Role and Interaction of Childhood Maltreatment, Emotional Inexpressivity, and Affect Intensity/Reactivity", *American Journal of Orthopsychiatry*, Vol. 76, No. 2, 2006, pp. 238 – 250.

Gratz, K. L., Rosenthal, M. Z., Tull, M. T., Lejuez, C. W., & Gunderson, J. G., "An Experimental Investigation of Emotion Dysregulation in Borderline Personality Disorder", *Journal of Abnormal Psychology*, Vol. 115, No. 4, 2006, pp. 850 – 855.

Guerry, J. D., & Prinstein, M. J., "Longitudinal Prediction of Adolescent Nonsuicidal Self-Injury: Examination of a Cognitive Vulnerability-Stress Model", *Journal of Clinical Child & Adolescent Psychology*, Vol. 39, No. 1, 2010, pp. 77 – 89.

Hayes, S. C., Strosahl, K. D., & Wilson, K. G., "Acceptance and Commitment Therapy: An Experiential Approach to Behavior Change", *Encyclopedia of Psychotherapy*, Vol. 9, No. 1, 1999, pp. 1 – 8.

Hilt, L. M., Cha, C. B., & Nolen-Hoeksema, S., "Nonsuicidal Self-Injury in Young Adolescent Girls: Moderators of the Distress-Function Relationship", *Journal of Consulting and Clinical Psychology*, Vol. 76, No. 1, 2008, pp. 63 –71.

Hill, C. E., Knox, S., Thompson, B. J., Williams, E. N., Hess, S. A., & Ladany, N., "Consensual Qualitative Research: An Update", *Journal of Counseling Psychology*, Vol. 52, No. 2, 2005, pp. 196 –205.

Hill, C. E., Thompson, B. J., & Williams, E. N., "A Guide to Conducting Consensual Qualitative Research", *The Counseling Psychologist*, Vol. 25, No. 4, 1997, pp. 517 –572.

Klonsky, E. D., "The Functions of Deliberate Self-Injury: A Review of the Evidence", *Clinical Psychology Review*, Vol. 27, No. 2, 2007, pp. 226 –239.

Klonsky, E. D., "The Functions of Self-Injury in Young Adults Who Cut Themselves: Clarifying the Evidence for Affect-Regulation", *Psychiatry Research*, Vol. 166, No. 2, 2009, pp. 260 –268.

Kraemer, H. C., Kazdin, A. E., Offord, D. R., Kessler, R. C., Jensen, P. S., & Kupfer, D. J., " Coming to Terms with the Terms of Risk", *Archives of General Psychiatry*, Vol. 54, No. 4, 1997, pp. 337 –343.

Kuo, J. R., & Linehan, M. M., "Disentangling Emotion Processes in Borderline Personality Disorder: Physiological and Self-Reported Assessment of Biological Vulnerability, Baseline Intensity, and Reactivity to Emotionally Evocative Stimuli", *Journal of Abnormal Psychology*, Vol. 118, No. 3, 2009, pp. 531 –544.

Lynch, T. R., Chapman, A. L., Rosenthal, M. Z., Kuo, J. R., & Linehan, M. M., "Mechanisms of Change in Dialectical Behavior

Therapy: Theoretical and Empirical Observations", *Journal of Clinical Psychology*, Vol. 62, No. 4, 2006, pp. 459 – 480.

McKenzie, K. C., & Gross, J. J., "Nonsuicidal Self-Injury: An Emotion Regulation Perspective", *Psychopathology*, Vol. 47, No. 4, 2014, pp. 207 – 219.

Nock, M. K., "Why Do People Hurt Themselves? New Insights Into the Nature and Functions of Self-Injury", *Current Directions in Psychological Science*, Vol. 18, No. 2, 2009, pp. 78 – 83.

Nock, M. K., & Banaji, M. R., "Assessment of Self-Injurious Thoughts Using a Behavioral Test", *American Journal of Psychiatry*, Vol. 164, No. 5, 2007, pp. 820 – 823.

Nock, M. K., & Mendes, W. B., "Physiological Arousal, Distress Tolerance, and Social Problem-Solving Deficits Among Adolescent Self-Injurers", *Journal of Consulting and Clinical Psychology*, Vol. 76, No. 1, 2008, pp. 28 – 38.

Nock, M. K., & Prinstein, M. J., "A Functional Approach to the Assessment of Self-Mutilative Behavior", *Journal of Consulting and Clinical Psychology*, Vol. 72, No. 5, 2004, pp. 885 – 890.

Nock, M. K., & Prinstein, M. J., "Contextual Features and Behavioral Functions of Self-Mutilation Among Adolescents", *Journal of Abnormal Psychology*, Vol. 114, No. 1, 2005, pp. 140 – 146.

Nock, M. K., Prinstein, M. J., & Sterba, S. K., "Revealing the Form and Function of Self-Injurious Thoughts and Behaviors: A Real-Time Ecological Assessment Study Among Adolescents and Young Adults", *Journal of Abnormal Psychology*, Vol. 118, No. 4, 2009, pp. 816 – 827.

Selby, E. A., Anestis, M. D., & Joiner, T. E., "Understanding the Relationship Between Emotional and Behavioral Dysregulation: Emotional Cascades", *Behaviour Research and Therapy*, Vol. 46, No. 5, 2008, pp. 593 – 611

Selby, E. A., Franklin, J., Carson-Wong, A., & Rizvi, S. L., "Emotional Cascades and Self-Injury: Investigating Instability of Rumination and Negative Emotion", *Journal of Clinical Psychology*, Vol. 69, No. 12, 2013, pp. 1213 – 1227.

Selby, E. A., & Joiner, T. E., "Cascades of Emotion: The Emergence of Borderline Personality Disorder from Emotional and Behavioral Dysregulation", *Review of General Psychology*, Vol. 13, No. 3, 2009, pp. 219 – 229.

Sutton, J., *Healing the Hurt Within*, Begvroke: How To Content Press, 2007.

Swannell, S. V., Graham E., Martin, M. R. D., Page, A., Hasking, P., & John, N. J. S., "Prevalence of Nonsuicidal Self-Injury in Nonclinical Samples: Systematic Review, Meta-Analysis and Meta-Regression", *Suicide and Life-Threatening Behavior*, Vol. 44, No. 3, 2014, pp. 273 – 303.

Veague, H. B., & Collins, C., *Cutting and Self-harm*, New York: Infobase Publishing, 2009.

Victor, S. E., & Klonsky, E. D., "Daily Emotion in Non-Suicidal Self-Injury", *Journal of Clinical Psychology*, Vol. 70, No. 4, 2014, pp. 360 – 375.

Walsh, B. W., *Treating Self-Injury: A Practical Guide*, New York: Guilford Press, 2012.

Weinberg, A., & Klonsky, E. D., "The Effects of Self-Injury on Acute Negative Arousal: A Laboratory Simulation", *Motivation and Emotion*, Vol. 36, No. 2, 2011, pp. 242 – 254.

Yates, T. M., "The Developmental Psychopathology of Self-Injurious Behavior: Compensatory Regulation in Posttraumatic Adaptation", *Clinical Psychology Review*, Vol. 24, No. 1, 2004, pp. 35 – 74.

Yates, T. M. , "Developmental Pathways from Child Maltreatment to Nonsuicidal Self-Injury", in Nock, M. K. , ed. *Understanding Non-Suicidal Self-Injury: Origins, Assessment, and Treatment*, Washington, DC: American Psychological Association, 2009.

# 附　　录

## 附录1　被试筛查问卷（样题）

亲爱的同学：

你好！非常感谢你抽出宝贵的时间参与本次问卷调查。在日常生活中，不少同学曾有过伤害自己身体的行为。为了了解这些行为的普遍性，我们编制了本问卷。作出这些行为并不代表你有心理问题，请你根据自己的实际情况如实回答。本问卷调查的资料仅作科学研究之用，你的选择不会透露给老师或其他任何人，希望你不要有任何顾虑，放心作答。如对本问卷有任何疑问，请联系 xxx@ foxmail. com。谢谢！

A

我们非常希望你能留下个人信息，因为我们在之后将会随机抽取一部分同学，邀请你们参加心理学实验。这些信息以及你的选择不会透露给老师或者其他任何人，请你不要有任何顾虑。后续参加实验的同学将会得到我们精心准备的礼物。

姓名（可写昵称）：_____　性别：_____　年龄：_____

联系电话：_____

**B**

你曾经在没有自杀动机的情况下，故意（而非意外/偶然）地作出过下列行为吗？

填写方法：根据下面问卷中的描述，填写在过去一年内该行为发生的大概次数（0 次、1 次、2—4 次、5 次以上），接着填写这一行为对你身体造成的伤害程度（无、轻度、中度、重度、极重）。其中，"无"代表对皮肤没有任何损伤，"极重度"是指对身体的伤害程度需要住院治疗。请根据你的实际情况在相应格子中打"√"。

| 在过去一年内你曾有过的行为： | 发生的次数 | | | | 对身体的平均伤害程度 | | | | |
|---|---|---|---|---|---|---|---|---|---|
| | 0次 | 1次 | 2—4次 | 5次以上 | 无 | 轻度 | 中度 | 重度 | 极重 |
| 1. 故意划伤自己的皮肤； | 0 | 1 | 2—4 | ≥5 | 无 | 轻度 | 中度 | 重度 | 极重 |
| 2. 故意戳/撕开自己的伤口； | 0 | 1 | 2—4 | ≥5 | 无 | 轻度 | 中度 | 重度 | 极重 |
| 3. 故意烫/烙自己的皮肤； | 0 | 1 | 2—4 | ≥5 | 无 | 轻度 | 中度 | 重度 | 极重 |
| 4. 故意在自己的身上刺字或图案等（文身为目的除外）； | 0 | 1 | 2—4 | ≥5 | 无 | 轻度 | 中度 | 重度 | 极重 |
| 5. 故意刮/擦伤自己的皮肤； | 0 | 1 | 2—4 | ≥5 | 无 | 轻度 | 中度 | 重度 | 极重 |
| 6. 故意刺伤自己的皮肤或把利物刺进指甲里； | 0 | 1 | 2—4 | ≥5 | 无 | 轻度 | 中度 | 重度 | 极重 |
| 7. 故意撞（擦）墙或其他坚硬物体； | 0 | 1 | 2—4 | ≥5 | 无 | 轻度 | 中度 | 重度 | 极重 |
| 8. 故意撕/扯自己的头发； | 0 | 1 | 2—4 | ≥5 | 无 | 轻度 | 中度 | 重度 | 极重 |
| 9. 故意用手猛击墙或玻璃等硬物； | 0 | 1 | 2—4 | ≥5 | 无 | 轻度 | 中度 | 重度 | 极重 |
| 10. 故意抓伤自己； | 0 | 1 | 2—4 | ≥5 | 无 | 轻度 | 中度 | 重度 | 极重 |
| 11. 扇自己的耳光； | 0 | 1 | 2—4 | ≥5 | 无 | 轻度 | 中度 | 重度 | 极重 |
| 12. 故意勒痛/勒伤自己的手等部位； | 0 | 1 | 2—4 | ≥5 | 无 | 轻度 | 中度 | 重度 | 极重 |
| 若你还有哪些故意伤害自己的方式没有在上面提及，请写出： | 0 | 1 | 2—4 | ≥5 | 无 | 轻度 | 中度 | 重度 | 极重 |

你作出以上行为是为了（可多选）：
①管理糟糕的情绪；②自我惩罚；③寻求刺激或快感；④让他人知道自己的感受；⑤＿＿＿＿＿；⑥没有上述行为

**C**

下面是一些有关个人态度和特点的叙述。阅读每个条目，请根据所述情况是否与你相符，在相应的方格中打"√"。

| | | | |
|---|---|---|---|
| 1 | 为了使我所爱的人不离开我，我会走极端。 | 是 | 否 |
| 2 | 我要么喜欢和佩服某人，要么怨恨他们，没有介于两者之间的感受。 | 是 | 否 |
| 3 | 我常想弄清自己究竟是何人。 | 是 | 否 |
| 4 | 我凭一时冲动干过一些以下的事情以致给我带来麻烦：<br>（1）花费的金钱超过了我自己拥有的数额。<br>（2）与我不熟悉的人发生性关系。 | 是<br>是 | 否<br>否 |
| 5 | 我曾试过伤害自己或自杀。 | 是 | 否 |
| 6 | 我是一个情绪不稳定的人。 | 是 | 否 |
| 7 | 我觉得我的生活乏味而无意义。 | 是 | 否 |
| 8 | 我难以控制脾气或恼怒。 | 是 | 否 |
| 9 | 遇到紧张的事情时，我会变得敏感多疑或不记得刚刚干过的事情。 | 是 | 否 |
| 10 | 一旦我发现与我关系亲密的人不再接近我，我便会感到十分烦恼并作出各种强烈的反应。 | 是 | 否 |
| 11 | 我与别人的关系有时变得很亲密，有时则变得充满怨恨。 | 是 | 否 |
| 12 | 当我情绪不好时，下列方式能让我平静下来（在相应的数字上打"√"，可多选）：①听节奏强烈的音乐；②听舒缓的音乐；③运动；④写日记；⑤_____ | | |

# 附录2 访谈提纲

1. 基本信息询问

2. 自伤情况：常用的自伤方式、次数、严重程度

3. 你是怎么理解自伤行为的，怎么看待自己的自伤行为？

4. 你最近一次自伤是什么时候，当时是发生了什么？你的心理

状态是怎样的（想法、感受）？为什么你选择了用自伤来达到这种效果？为什么要选择这种自伤方式？

5. 能不能跟我说说你印象最深的一次自伤是什么情形？请给我描述一下这整个过程。为什么你选择了自伤呢？

6. 所以让你来说，你在什么样的情形下会自伤？为什么要通过自伤这种方式？

7. 为什么你没有选择其他的方式？

8. 你有过类似的很愤怒/悲伤/……但是没有自伤的时候吗？当时是什么情形？你是怎么处理的？为什么这一次你没有选择自伤？

# 附录3　CQR 结果

1. 域的定义

所有内容被划分成五个域：（1）触发事件：直接诱发个体自伤的事件；（2）心理状态：事件发生后个体所产生的想法和感受；（3）自伤动机：在这种心理状态下个体想要通过自伤达到什么目的；（4）方式选择：为什么个体要通过自伤而不是其他方式来达到自己的目的；（5）自伤功能：个体通过自伤达到了什么目的。

2. 代表性评定

CQR 依据每个类别包含个案数的多少来评定类别的代表性，具体可分为以下几个等级：

General：包括所有个案，或只有一个个案除外；

Typical：包括一半以上的个案；

Variant：包括四个至一半的个案；

Rare：包括两至三个个案；

只有一个个案不能形成类别。

## 一　触发事件

### 1. 人际挫折（Typical，13/18）

Case1：在朋友关系中感觉被冷落。

Case2：喜欢的女生有男朋友了。

Case3：和不在身边的朋友联系的时候，对方影响了自己的心情。

Case4：表白被拒绝。

Case7：和男朋友吵架，互相指责，互相不理解，说什么都不管用，两人沟通不了。

Case7：虽然自己付出了，但是家长还是觉得自己没怎么努力，受到批评。

Case8：和女朋友吵架；女朋友冲他发火，和女朋友起了争执。

Case9：老师问自己不愿触及的问题（妈妈去世、询问爸爸再娶）。

Case9：自己的努力没有得到肯定，不被承认（考试，能力被否定）。

Case10：和女朋友被迫分手。

Case11：被父母逼着学习。

Case12：表白被拒，对方还老在自己跟前碍眼并与其他男生很亲密。

Case16：临近高考，表白被拒。

Case17：和父母发生矛盾，吵架（中考志愿上和父母有很大分歧，临交志愿还没有统一意见；中考志愿很重要，关系到高中三年的生活）。

Case18：座位被调到后面，被其他同学孤立、讽刺。

2. 学业挫折（Typical，14/18）

Case1：考试失误导致后面几科考得非常糟糕，重要的考试没考好。

Case2：考试没有发挥应有的水平，被老师批评；考试失误。

Case3：考试成绩下滑很多。

Case4：学业紧张，压力大，成绩不理想。

Case5：作业没做完，自己还睡得太多，昏昏欲睡。

Case6：做题做不出来。

Case7：高考失利，同学比自己考得好。

Case10：没有拿到期望的成绩。

Case11：高考，家里的压力，学校很多作业。

Case13：初入大学，觉得自己在荒废时间，过得不充实。

Case14：做题目做不出来。

Case15：高考没考好。

Case16：一个人在寝室写作业写不下去；上课犯困。

Case18：做不出题。

3. 多重挫折（Typical，9/18）

Case2：琐碎小事堆积，例如（本来上课就听不进去很烦），上课讲话被老师看见。

Case3：比较紧急时又有别的事情。

Case5：要做的事情很多，给自己规定的事情没有做完，各方面的事情都处理不好。

Case6：本来心情就不好，再来点不好的事情。

Case9：高三时压力大，又遇到一些小事。

Case12：想到很多烦心的事，比如作业没做，辅导员要点名等等。

Case13：高中时，考试没考好，被老师在家长会上批评，感受到妈妈的失望。

Case14：事情纠结在一起，时间上又冲突，很多烦心事积压在心里。

Case16：高考压力大，还因为无关小事分心。

## 二　心理状态

### 1. 负性体验

#### 1.1　愤怒（Typical，14/18）

Case1：气愤，想哭。

Case3：特别愤怒。

Case4：觉得自己不够好才会被拒绝，对自己愤怒。

Case7：很愤怒。

Case8：看重的人让自己失望，比平常更加愤怒。

Case9：特别生气。

Case10：特别生气，很窝火。

Case11：被气糊涂了，脑子里只有这个念头。

Case12：心里很窝火；生气，烦，心里不舒服。

Case13：愤怒、急切。

Case15：自责，对自己很愤怒。

Case17：对于父母不理解自己很生气，埋怨父母。

Case18：对自己特别愤怒。

#### 1.2　焦虑（Typical，14/18）

Case1：心烦意乱。

Case2：突然有莫名的、很强烈、很快的烦躁。

Case5：要作出想改变，但又觉得改变太慢。

Case6：烦躁，觉得自己很倒霉。

Case7：没办法理解和调节伤心情绪，很烦躁。

Case8：有心理压力，心里不舒服。

Case9：特别烦躁。

Case11：烦到快要爆炸，不知道该怎么办，也不知道该怎么想。

Case12：觉得很烦。

Case13：很焦虑。

Case14：急躁、烦躁。

Case15：心情很不好，很烦躁。

Case16：思绪乱，焦躁不安，不知道该做什么，无助，无望，觉得现在的一切都没有目的，没有意义。

1.3　自我厌恶（Typical，13/18）

Case1：感觉自己无能、一无是处、自己做得越来越不好、渺小、对自己失望。

Case2：对自己学习表现不满。

Case3：懊恼，觉得自己不争气。

Case4：觉得自己没有努力。

Case5：自责，没有达到自己所需要的状态。

Case7：觉得自己很没用，自卑，不甘心。

Case9：怀疑自己是不是没做好。

Case10：特别生气，觉得自己有做得不好的地方才导致女友离开。

Case13：恨自己不争气，很瞧不起自己。

Case15：自责，对自己很愤怒。

Case16：觉得自己学习不努力，对自己有一些很不好的感受。

Case18：怀疑自己是不是真的像他们想的那样（成绩）不行了。

Case18：觉得是自己的无能让家人失望；觉得自己做得不好，让别人失望了。

1.4　压抑（Typical，10/18）

Case1：放不下，难以释怀。

Case5：压抑。

Case7：心里过不去，难以释怀；想哭但又不想让自己哭出来。

Case8：心里特别憋屈，没地方发泄，他人难以理解自己的感受。

Case9：内心的想法完全发泄不出去。

Case10：觉得很窝火。

Case11：心里堵得慌，觉得事情做不好也不想做。

Case12：有心结，难以释怀；觉得全世界都跟自己过不去。

Case15：很压抑，不知道该怎么办。

Case18：特别不高兴，压力很大。

1.5　愧疚（Variant，8/18）

Case2：觉得辜负了老师的期望，觉得自己没用，对不起家人。

Case4：懊悔，对未能把握住机会比较后悔。

Case5：自责；罪恶感。

Case7：觉得对不起父母。

Case13：对别人有愧疚，对不起爸爸。

Case15：情绪很低落，觉得对不起父母。

Case16：比较重的负罪感。

Case18：觉得是自己的无能让家人失望；觉得自己做得不好，让别人失望了。

1.6　抑郁（Variant，8/18）

Case1：悲伤。

Case2：很难过；心情很糟糕。

Case3：觉得心里不太好，很难过。

Case4：很伤感。

Case8：胡思乱想，心里特别难受。

Case12：心里很难过。

Case13：心里很痛苦、崩溃。

Case18：心酸，特别难受。

1.7　不知所措（Variant，6/18）

Case1：脑子一片空白。

Case11：不知道该怎么办，也不知道该怎么想。

Case13：心情莫名的不好，不知道干什么。

Case15：很压抑，不知道该怎么办。

Case16：不知道该做什么，无助，无望。

Case18：无可奈何，觉得基本上什么都不受控制了。

## 1.8　孤独（Variant，5/18）

Case8：他人难以理解自己的感受。

Case10：觉得自己受到不公平待遇。

Case12：觉得全世界都在跟自己作对。

Case13：感觉很孤独，闲得发慌，觉得很荒废时间。

Case18：感觉被放弃。

## 2.　高情绪强度（General，17/18）

Case1：情绪低落到极点或快要到极点。

Case2：很强烈的烦躁。

Case3：特别愤怒，情绪积累到一个极点。

Case4：情绪压抑到极点，很糟糕；难以控制的愤怒。

Case5：巨大的失落，觉得虚度时间。

Case7：情绪很激烈，难以控制，不平静、不理智。

Case8：情绪非常激烈，脑子一片空白。

Case9：当问到隐私时故作不在意，但被迫思考家庭问题，心里特别烦。

Case10：特别生气，很窝火。

Case11：很烦，烦到了一定程度；烦到快要爆炸。

Case12：心里极度憋屈、不爽。

Case13：情绪到达一个极点，悲伤、愤怒、急切。

Case15：心情很不好，想的全是不好的。

Case16：很焦虑，情绪特别乱。

Case17：情绪强度6分（1到7评分）。

Case18：非常愤怒；生气到没有理智。

## 3.　情绪变化过程（Variant，8/18）

Case1：情绪越来越低落。

Case3：不好的情绪加重。

Case4：一直压抑自己，直到爆发；独自不断地回想受挫的事情，负性情绪不断积累，直至压抑不住。

Case8：负面情绪堆积，慢慢爆发。

Case8：特别生气的事，往坏处想，越来越生气。

Case11：纠结、烦躁，想伤自己又因为怕疼不敢伤，更烦躁。

Case15：情绪越来越难受，到达了极点。

Case16：情绪特别乱，思考解决方式时情绪变得更糟糕，越想越糟糕。

Case18：越想越生气。

### 三　自伤动机

#### 1. 个人动机

##### 1.1　管理情绪（Typical，16/18）

Case1：宣泄情绪。

Case2：缓解压力。

Case3：缓解急躁的情绪，发泄一下。

Case4：发泄情绪。

Case6：安慰自己，发泄情绪；不能让自己的情绪憋在心里，要发泄出来。

Case7：急于表达心里的想法，发泄情绪。

Case8：发泄情绪。

Case9：发泄情绪。

Case10：发泄情绪。

Case11：想发泄，让自己放松。

Case12：表现自己，发泄情绪。

Case13：发泄情绪。

Case14：发泄情绪，放松自己。

Case15：让自己心里舒服一点、好受一些。

Case16：释放情绪，减轻负罪感。

Case18：发泄情绪。

## 1. 2　自我鞭策（Typical，9/18）

Case1：阻止自己上课睡觉，强制自己清醒过来。

Case2：上课想睡觉时让自己提神，让自己清醒一点。

Case3：营造紧张气氛，警示自己，让自己尽快投入进去。

Case5：想要作出改变；鞭策自己，防止自己堕落。

Case7：把心里想的话刻出来，让自己一直记得。

Case13：用疼痛麻痹自己，让自己长记性，鞭策自己以后做得好一些。

Case14：通过疼痛刺激自己（做题做不出来）。

Case16：通过伤口提醒自己对自己的惩罚一直还在。

Case18：激励自己，让自己不再萎靡。

## 1. 3　转移注意（Variant，5/18）

Case6：让自己清醒；平静心情，清醒脑子。

Case11：疼痛让自己清醒，想法转变。

Case12：寻求刺激，让自己清醒一些。

Case16：中断胡思乱想；告诫自己，让自己不要想那么多；中断不好的想法，用身体上的疼痛让自己冷静下来；用疼痛分散注意力；用这种方式逼迫自己去做不想做的事情（学习）。

Case18：让自己清醒。

## 1. 4　自我惩罚（Variant，5/18）

Case1：自我惩罚。

Case3：让自己更惨一些，更不好受一些。

Case5：自我惩罚。

Case8：自我惩罚。

Case16：自我惩罚。

## 1. 5　获得疼痛（Variant，5/18）

Case7：让自己疼。

Case12：想获得疼痛。

Case11：让自己疼痛或流血。

Case13：让自己感觉到疼，让自己有感觉。

Case16：需要疼痛；要让自己疼。

### 1.6　展示力量（Rare，2/18）

Case1：展示自己有能量的一面。

Case12：维护自尊，不想被瞧不起。

### 2. 人际动机（Variant，8/18）

Case1：故意让自己难堪，讨好别人。

Case2：希望对方感受到自己对她的重视；希望别人看到后觉得自己很重感情。

Case3：表达感情（不满、不高兴），让别人知道自己不高兴。

Case4：可能会让其他人注意到自己的内心状况。

Case8：通过打自己让女朋友停止吵架。

Case11：让爸妈看到自己很烦躁，不要给自己太多压力。

Case12：让自己冷静下来，也让父亲冷静下来。

Case17：吸引父母的注意，表达自己想法，希望父母同意；让父母心疼，希望父母妥协，作出让步。

### 四　方式选择

#### 1. 支持选择自伤的因素

##### 1.1　自伤"优势"（Typical，16/18）

###### 1.1.1　有效（Typical，11/18）

Case1：方便、有效；这种方式最有效，解决过很多问题。

Case1：尝试过很多方式，觉得这种方式效果最好，最喜欢，而且不需要跟别人沟通，不需要让别人知道。

Case1：屡试不爽，不会招致厌烦。

Case2：让别人掐自己是因为这样有效。

Case2：具有连续性的过程的方式难以转移注意力，而自伤产生的疼痛能让人瞬间转移注意力。

Case3：对男生来说显得霸气，第一次尝试之后觉得有效。用这种方式发泄自己，会有反馈（捶墙的声音）。

Case4：比较有效。

Case5：捶墙的肢体动作能够提醒自己。

Case7：不想别人听见，这种方式可以让自己忍住不哭。

Case12：觉得打自己父亲心里会有所触动。

Case13：这种方式有效果，能让情绪好一点；疼痛比其他方式更有效。

Case14：聊天等方式不会对自己的问题起到实质性帮助，但捶墙可以。

Case15：这种方式最直接、最简单、很有效。

Case16：无意间划伤自己，试着用刀划了一下，觉得可以减轻负罪感。

### 1.1.2　简单直接（Typical，11/18）

Case1：工具易得，方式易实施。

Case1：不需要跟别人沟通，不需要让别人知道。

Case3：简单。

Case5：（捶墙）方便，最直接，写东西简单、直接。

Case6：只能想到用自伤来应对，是最直接的发泄方式。

Case7：选择最简单的方式。

Case7：考虑外界因素以及自己的习惯，选择最便捷最适合自己、不会干扰到其他人的方式。

Case9：是一种习惯化行为，实施便利；方式用起来顺手（习惯、方便）。

Case10：这种方式很方便，用着习惯了。

Case11：这种方式很简单。

Case14：工具易得、方式便利。

Case15：这种方式最直接、最简单、很有效。

Case16：这种方式占用时间少，习惯了这种方式。

### 1.1.3 代价小 (Typical, 11/18)

Case1：从小就认为伤口破了会好起来。

Case3：对自伤的认识：适度发泄，不会对身体有大的损害；这种方式不会对自己造成很大的伤害

Case4：会控制力度，不会伤得很重；会考虑后果，不会冲动到给自己带来更多麻烦。

Case4：造成的是小伤，不会让家人看见并且受到伤害。

Case4：不太怕疼，觉得疼痛这种事情还好。

Case4：（伤害自己）是一个人的事情，别人不会评价。

Case5：不会太在乎身上的疼痛；像摔东西、撕东西这些方式都是有代价的，而锤墙划算很多。

Case6：习以为常，觉得这种方式没什么伤害；可以接受伤害不大的自伤行为。

Case7：不会疼很久，只是轻微伤；针对自己的身体的方式不是很严重，不会出现意外；不会很严重地伤害自己，不会选择太极端的方式。

Case8：打别人可能会带来很严重的后果，打自己的后果就是疼。

Case10：疼痛很快就会过去；觉得捶墙无所谓，不怎么疼，这种方式比较轻微，习惯了所以没什么。

Case12：虽然有点怕，但切完第一刀后觉得没什么了。

Case12：觉得捶墙不会真正伤害自己，潜意识里是可以接受的；觉得动刀没什么，只要不伤筋动骨就行。

Case13：这种方式有效果，能让情绪好一点，也不会严重伤害自己。

Case13：自己打自己不怕受到伤害；让自己疼就行，不会危及自己生命就无所谓。

Case13：觉得自己作为男性要追求力量、血性那种感觉，捶墙破皮也没什么；会掌握力度，不会太过用力，捶一下也没什么。

Case16：喝酒会影响第二天的事情，用刀子不会有什么副作用，割完还可以继续做事情，不会被打断；这种方式不会占用其他时间，代价更小，造成身体的伤也是会痊愈的。

1.1.4　见效快（Variant，4/18）

Case2：自伤产生的疼痛能让人瞬间转移注意力。

Case3：方式简洁，见效快。

Case5：捶墙见效快。

Case16：这种方式（割伤自己）见效更快。习惯了这种方式；占用时间少；之后不会有太多影响，可以继续手头的工作；见效快

1.2　工具易得（Typical，11/18）

Case1：刚好手上有工具（刀）。

Case2：有实施这种方式的条件（让别人掐自己，同桌配合）。

Case3：熟悉的环境下才会采取这种方式（捶墙）。

Case4：环境便利，周围没有人。

Case9：条件便利，下意识去做。

Case10：工具易获得，使用这种方式要看是否有条件。

Case11：刚好看到可用于自伤的工具。

Case12：工具易得；同学刺激、怂恿他自伤。

Case15：回避他人，人不多。

Case16：自伤工具（刀子）携带方便；刚好有伤口，便于实施这种方式（用酒精涂伤口，让自己更疼）。

Case16：会考虑周围有没有人，没有人在或者没有人注意到的时候采取这种方式；受季节影响，秋冬相对春夏情绪更坏，所以会更多地割自己；穿的衣服更多，更利于隐蔽伤口。

Case18：看到自伤工具；工具易获得。

1.3　自伤带来疼痛（Typical，9/18）

Case1：让身体承受疼痛来弥补最近的过失。

Case1：通过疼痛来自我惩罚，疼痛是自己能给自己的惩罚。

Case1：对疼痛有适应，必须要让自己感觉到疼痛（温和的方式

没有感觉）；力度要足够让自己清醒。

Case1：自己会控制，掐不痛自己，需要让别人来；动刀子之类的，别人不会做。

Case2：自己掐不疼自己，所以要别人帮忙（让自己感受到疼）。

Case3：形成了习惯的力度，能得到疼痛但又不会造成很大伤害。

Case7：想让自己疼一下。

Case8：打的力度要足够，不然发泄不了。

Case11：怕疼，所以疼痛容易让自己清醒，划一下就能获得疼痛。

Case13：用疼痛来麻痹自己；虽然怕疼，但喜欢疼痛的感觉，疼一点会舒服一些。

Case16：考虑伤口会不会给人看到，或者哪里更痛一些。

Case18：将事件归因为自身原因时，会伤害自己（让自己疼）。

1.4　模仿他人（Variant，7/18）

Case1：模仿（影像资料）。

Case3：模仿他人，模仿电影人物。

Case5：学习心理学书籍上的"行为控制情绪"概念，慢慢习得这种方式。

Case6：觉得好玩，模仿身边的普遍现象。

Case7：初中的时候流行在手上刻字；班上流行这种方式，效仿同学、随主流。

Case12：见到爷爷有过打自己的行为。

Case17：模仿书籍或电视剧中的行为。

1.5　自我控制减弱（Variant，7/18）

Case1：情绪达到极限时，内心的疼可以覆盖身体上的疼。

Case5：冲动，不会考虑捶墙有多疼。

Case7：太烦了，当时就不害怕自伤了。

Case11：烦到一定程度才会自伤。

Case13：情绪到达极点时就不再想其他事情，也不会害怕疼痛。

Case14：烦躁时候，不在乎别人是否看到自己捶墙。

Case17：（因为那件事情比较激烈，因此选择更加激烈的处理方式）：自伤是情绪更激烈情况下的做法。

2　限制其他方式的因素

2.1　认知受限（Typical，15/18）

2.1.1　高情绪强度下想不到其他方式（Typical，14/18）

Case1：需要宣泄，但又找不到其他渠道，只能找自己宣泄。

Case1：一种习惯性的动作；没有具体事件，情绪突然爆发时，会选择伤害自己。

Case2：难过的时候什么也想不到。

Case5：没有想过，可能是潜意识；无法控制的情况下会选择捶墙。

Case7：（当时）只能让自己疼一下，不能干其他的。

Case8：突然想到要自伤，没有想过其他的；心里压着的火必须要发出去。自己看重的人引发强烈情绪情况下，才会自伤。

Case9：情绪特别激动，完全想不到其他的方式的时候就会咬自己。

Case10：生气时候的下意识行为；感到生气、事情无法控制时，才会选择自伤；很气愤，没有想过其他的发泄方式。

Case11：脑子里只有（伤害自己）这一个念头，想不到其他。

Case12：情绪太强烈，没办法了就捶墙；不由自主、控制不了那个动作（自伤）。

Case13：情绪到达极点时就不再想其他事情。

Case14：情绪上来的时候没想那么多，下意识行为。

Case16：脑子里没有其他想法，控制不住想自伤；虽然这种方式只有一点作用，但也没有其他办法了。

Case17：很生气，想不到其他方法；急于表达，只想到了这种方式。

Case18：特别愤怒，想不到其他的方法；很愤怒，没想那么多，就伤害自己了。

2.2.2　其他方式能想到，不能做/不想做（Typical，11/18）

Case1：朋友关系出现问题，不能跟他们宣泄。

Case1：能想到的其他方式达不到自我惩罚的效果。

Case3：碍于人际关系不能直接表达；觉得可以伤害自己但不可以伤害别人或其他东西。

Case3：不能找老师理论，没有到非要打架的地步，自己发泄一下就过去了。

Case4：若没有特别隐私的东西，可以直接发泄；但涉及自身不想让别人知道的东西或不想让别人知道自己难过的原因，只能默默发泄。

Case7：不能和别人说；不能找别人发泄（不想伤害别人），只能找自己。

Case7：不喜欢摔东西，摔了还要买；摔东西、打人、打架等不理智的行为不会去做。

Case8：不好意思打骂女朋友，只好打自己；对朋友不满，但因担心关系僵化而不会去和对方当面说。

Case8：本身是火气很大的人，现在慢慢成熟，觉得跟人发泄是小孩子脾气，所以改为对自己发泄；觉得和人起冲突太幼稚，但自己会越想越难受，就按自己的方式来发泄。

Case10：写日记可能会被其他人看见，不够安全；不喜欢喝酒、对烟味比较敏感，人比较懒不喜欢运动；跑步太累。

Case10：在别人不理解，但又不好跟别人表达自己想法的时候，就会自伤。

Case11：攻击别人会给别人不好相处的印象；摔东西怕引起更严重的后果；对外发泄会把朋友推远，也不能打爸妈，所以只能对自己发泄。

Case12：被爸爸激怒，但是又不能打爸爸；需要发泄但不能随便对人发泄，有好朋友也不能总找他倾诉。

Case12：摔东西会带来麻烦、影响到其他人；对烟酒不感兴趣。

Case13：不想让自己的烦恼影响朋友的心情，必须自己一个人承受；宁愿伤害自己也不想伤害别人，害怕把朋友气走了，失去朋友。

Case16：不想因为自己情绪不好向朋友倾诉，给朋友带来不好的感受，失去朋友。觉得还是要自己承担。

Case18：觉得自己应该能够解决好，不想让父母失望、担心。

Case18：担心丢人，不想让别人看到手上有伤。

### 2.2.3　自身应对方式匮乏（Variant，4/18）

Case1：性格内向，应对方式匮乏。

Case1：从小环境闭塞，对别人宣泄、大喊大叫等方式没有效果。

Case10：习惯性的动作，没试过其他方式。

Case15：没有尝试过其他方式。

Case16：（没有奋斗目标），没有别的办法可以逼迫到自己了。

### 2.2　自我保护（Typical，15/18）

Case1：没有想把自己伤得特别严重。

Case1：不能超出理性的界限，会适可而止。

Case2：因为有自我保护意识，所以不会打得很重；知道轻重，担心后果，不会像割腕那么重；觉得人应该有责任心，不能把自己伤得太重。

Case3：会控制对自己的伤害程度，不会对自己造成特别大的伤害。

Case4：自然地会去控制程度，不是刻意考虑应该划多少；会考虑到今后的路，不会因为这一件事就毁掉自己；想伤害自己，但是不会毁掉自己；比较理性，所以能把握伤害自己的程度。

Case5：因为比较爱惜自己，不会选择过于严重、痛苦的自伤方式，例如咬自己、割自己。

Case7：用圆规可以掌握伤害程度，不像用刀子那么危险。

Case7：自杀损失太大；因为理智存在所以不会选择太激烈的方式，不会对自己造成很大伤害的。

Case8：觉得身体是自己的，特别讨厌割伤自己。

Case9：让自己稍微疼一下就够了，不会让自己受伤很严重；因为体质太差，觉得伤害自己特别痛苦，不会过度伤害自己。

Case10：没必要采用严重伤害自己的方式。

Case11：怕痛，不敢伤得太重。

Case12：心里会有考虑，在理智范围内伤害自己；潜意识里会保护自己，不会把自己伤得很重；会考虑后果，不会真正弄伤自己。

Case13：有理智，不会把自己伤得很严重。

Case15：不是想把自己伤害得很严重，只是想舒服一点；头脑很清醒，不会过分的伤害自己，不会选择动刀子之类的。

Case16：下不了狠心把自己伤太重。

Case18：怕疼，会犹豫，没有伤得很严重（程度控制）。

2.3 条件限制（Variant，8/18）

Case3：客观条件不允许其向对方直接表达情绪。

Case4：客观条件不允许选择其他方式，找人倾诉不太方便。

Case6：环境限制，无法实施其他应对方式。

Case7：考虑到其他人，外界条件限制，选择适合当时情况的；身边人很多，不好意思哭，又懒得跑出去，只好选择咬自己。

Case8：到了陌生的城市，没有人可以说心里话，没有知心的朋友，没有发泄的地方；特别想发泄，但是没有发泄的地方。

Case9：客观条件限制，不能选择其他的方式；选择方式要看时间和场合：白天上课不方便采取其他方式，会捶墙，晚上遇到烦心事会直接睡觉。

Case11：外界环境限制（如果周围空旷且没人，会喊一下），周围有人，不好意思喊出来，只能偷偷自伤。

Case16：其他方式有局限：冷水澡这样的方式，只在冬天才有效，有季节限制。

## 五　自伤功能（补）

### 1. 个人功能

#### 1.1　释放、缓解情绪（General，18/18）

Case1：释放情绪。

Case2：发泄情绪、缓解情绪。

Case3：发泄、缓解情绪；用疼痛刺激一下自己，让自己精神好一些，情绪好一些。

Case4：手上感觉到疼，心里的难过减轻。

Case5：通过力量的释放来释放情绪，感觉好过一些。

Case6：发泄情绪，情绪平静了一些。

Case7：发泄，会让心情变好一点。

Case8：发泄。

Case9：发泄后心情会好一些。

Case10：发泄一下事情就过去了，情绪平静一些。

Case11：让自己感觉好一点，心情好一些。

Case12：可以比较好地发泄情绪。

Case13：把情绪拉回到自己可以承受的水平。

Case14：疼痛让自己感觉好一些。

Case15：这种方式很有效，可以释放压抑的情绪，心里舒服一些，顺通一些，没那么闷；情绪释放，平静一些。

Case16：让自己平静了一些，减轻了负罪感；避开不好的感受，心理负担不那么重。

Case17：发泄了情绪，强度降低。

Case18：情绪平静下来，不再只有负面想法。

#### 1.2　让头脑清醒，出现新想法（Typical，13/18）

Case1：将自己的状态拉到最低点，然后就不必担心事情会更糟糕，就开始能想办法往好的方向走。解决问题；让自己清醒。

Case2：刺激一下，转移注意力，让自己清醒。

Case4：可以让自己很快地恢复冷静，平静下来。

Case6：情绪平静下来，会去找其他办法解决问题。

Case7：让事情过去，出现新的想法。

Case8：一下子就清醒过来，调整心情，可以重新开始。

Case9：清醒了一些，改变了对事情的看法；发泄后可以冷静地考虑事情。

Case11：疼痛能使自己瞬间清醒，想法转变，然后可以继续做事情。

Case13：将恨自己的感觉一部分转化为疼痛，不再那么强烈地恨自己，把情绪拉回到自己可以承受的水平，就可以继续做其他事情；想法转变，开始想如何解决问题。

Case14：想法转变，开始想如何解决问题。

Case15：捶墙之后会平静下来，可能会想解决事情的方法。

Case16：头脑清醒一点，注意力集中在疼痛上；让自己平静了一些，注意力转移到学习上。

Case18：情绪释放，脑子清醒很多，认识发生转变。

1.3　阻断负性想法或感受（Typical，10/18）

Case1：中断（否定自己的）负性想法，不让情绪继续低落下去。

Case2：解决问题（阻断烦躁的状态）；阻断不好的想法、阻断烦躁情绪。

Case3：疼痛打断了心里不好的感觉，将注意力转移到疼痛上。让情绪稍微好一点，能有效将注意力转移开，在短时间内不再去专注于不开心的事情。

Case4：转移注意力，脑子里不再想其他的事情。

Case7：让事情过去。

Case10：发泄一下事情就过去了。

Case12：发泄心理压力，用疼痛转移注意力。

Case13：疼痛让事情过去。

Case15：事情过去了。

Case16：很快地从不好的情绪中回来，让自己可以再继续做手上的事情。

1.4　鞭策自己（Rare，3/18）

Case3：获得疼痛，提醒自己，让气氛紧张起来。

Case5：让自己振作，提醒自己、鞭策自己，缓解情绪。

Case18：提醒自己，让自己清醒、有斗志。

1.5　自我惩罚（Rare，2/18）

Case1：获得疼痛，惩罚自己，让事情过去。

Case16：给自己惩罚，逃避负罪感。

2. 人际功能（Rare，2/18）

Case2：这种方式可以说是屡试不爽（影响同学关系），也不会引起厌烦。

Case17：成功吸引父母注意，情绪很快平静。

# 附录4　知情同意书（示例）

亲爱的同学：

你好！我们是由华中师范大学应用心理学专业研究生组成的研究小组，现在正在进行一项关于大学生情绪与行为的实验研究。该研究目的为检验个体对不同情绪调节方式的反应偏向。你需要做的是根据电脑呈现的指导语进行按键反应并填写相应的问卷。

实验的时间为15分钟左右。整个实验过程不会对你有任何身体伤害。作为对你参与的感谢，实验结束后，我们将赠送精美的小礼物。

我们承诺：

（1）该实验不涉及任何个人问题，研究结果的分析和使用仅针对参与本研究的所有大学生，不会对你个人有任何不良影响。

（2）所得实验结果仅供科学研究使用，你的结果不会透露给其他任何人。

（3）在实验过程中，如果你感到不适可以随时向我们报告，你有随时终止实验的权利。

（4）如果你对实验结果感兴趣，可以在下面留下你的联系方式，所有实验结束后，我们会把实验结果和解释通过邮件反馈给你。

阅读完上述材料之后，如果你同意，请在下面相应的位置签名。谢谢！

签名：_____

华中师范大学心理学院

日期：_____年___月___日

如果你希望获得实验结果反馈，请准确填写你的 e-mail：_____

# 附录5　情绪状态报告表

请你仔细体验自己现在的感受，在下面的表格中做一个评价，从 0 到 5 分别代表每种感受的强度（请在相应的数字上打 "√"）：

| 感受类型 | 无 | 较弱 | 中等强度 | 较强强度 | 很强烈 | 极度强烈 |
|---|---|---|---|---|---|---|
| 愤怒 | 0 | 1 | 2 | 3 | 4 | 5 |
| 焦虑—烦躁 | 0 | 1 | 2 | 3 | 4 | 5 |
| 自我不满—自我厌恶 | 0 | 1 | 2 | 3 | 4 | 5 |
| 压抑—憋屈 | 0 | 1 | 2 | 3 | 4 | 5 |

续表

| 感受类型 | 无 | 较弱 | 中等强度 | 较强强度 | 很强烈 | 极度强烈 |
|---|---|---|---|---|---|---|
| 愧疚—罪恶感 | 0 | 1 | 2 | 3 | 4 | 5 |
| 抑郁—难过 | 0 | 1 | 2 | 3 | 4 | 5 |
| 不知所措 | 0 | 1 | 2 | 3 | 4 | 5 |
| 孤独 | 0 | 1 | 2 | 3 | 4 | 5 |

还有其他感受吗：_____（如果有请填上，并标明强度）

## 附录6　Stroop 任务中使用的自编问卷

### 问卷①

请判断下列词汇是否在刚才实验中出现过。出现过的打"√"，没有出现过的打"×"。

| 桌子（　） | 连衣裙（　　） | 沙发（　　） |
|---|---|---|
| 鼠标（　） | 台灯（　　） | 书包（　　） |

### 问卷②

1. 请从下列情绪调节方式中，挑选出你常用的方式。（在序号上打√）

| 1. 倾诉 | 2. 哭泣 | 3. 旅游 | 4. 泡澡 |
|---|---|---|---|
| 5. 听音乐 | 6. 做运动 | 7. s 唱歌 | 8 看电影 |
| 9 逛街 | 10 散步 | 11 吃东西 | 12 睡觉 |
| 13 吼叫 | 14 深呼吸 | 15 打扫 | 16 拥抱 |
| 17 上网 | 18 写日记 | 19 练瑜伽 | 20 阅读 |

2. 你曾经故意采用过下列方式伤害过自己吗？

A. 有　　　B. 没有

如果你选择了 A，请在这些方式上打√。

| | |
|---|---|
| 1 割自己 | 6 打自己 |
| 2 烫自己 | 7 扎自己 |
| 3 咬自己 | 8 扯头发 |
| 4 抓自己 | 9 掐自己 |
| 5 撞墙 | 10 烧自己 |

# 附录 7　社会问题解决技能测试

## 实验流程及指导语

<u>1 指导语</u>：首先请你安静地坐几分钟，让自己平静下来。

<u>2 测基线</u>：观察被试的生理数据，平稳之后，测基线 5 分钟
——测主观数据。

<u>3 指导语（介绍实验流程）</u>：欢迎你参加这个实验。实验过程中需要录音，这些录音不涉及任何你的个人信息，而且这些录音只有研究人员能接触到。请问可以吗？（开录音笔）

在这个任务中，我将向你描述的是人们有时会经历困难的情境。我希望你能真切地想象自己正遭遇上述情境。然后我们希望了解你是如何看待这些情境的，以及你在这些情境下可能说些什么或做些什么。答案没有正确和错误之分，我们只是想了解你能够想出多少种不同的方法。我将分别向你描述三段不同的情境，在每个情境之后我将会提出一系列的问题，所以请认真听每一段情境。

<u>4 前三个情境</u>。

<u>5 指导语（播放视频）</u>：下面请你观看一个电影片段。这部电影你有可能已经看过，但这也没有关系。在这次观看时，请你不要从旁观者的角度去看，而是将自己代入剧情中。在这个过程中你可能会体验到一些情绪，当情绪出来时，请你不要压抑，让情绪自然流露。

<u>6 情绪后测</u>：生理指标—被试开始看视频后，从第 3 分钟（"大

强，你坚持住"）开始测生理数据，持续测 5 分钟。

——测主观数据。

7 后三个情境。

♥在播放完每个情境的录音之后提出下列问题：

1. "你认为本情境中的那个人（老师/你的朋友/妈妈）为何要这么做?"

2. "好的，现在我希望你告诉我你在这个情境中可能作出什么不同的反应。想象这个情境刚好发生在你身上，然后尽快尽可能多地告诉我你能想出的解决方法，直到我说停。准备，开始。"

3. "好的，停下来。上述反应中你最可能做的是哪一个?"

4. "好，现在我们假设你想要（目标）。你评估一下你的能力在多大程度上能完成这个目标（0—4）?"

5. "好的，现在我们做下面一个。"

## 情境 1—6

1. （老师）：你非常认真地准备你的英语课程论文，内容是关于你欣赏自己的哪些方面。但是英语老师却给你不及格。主要是批评你的叙述不够具体。

目标：在下次任务中成绩获得提高。

2. （同伴）：你走进教室的时候，你最要好的两个朋友正在聊天。你好像听到他们在谈论周末的安排。你问他们在谈论什么的时候他们说："哦，没谈什么。"

目标：让他们知道，即使你不参与他们的计划也没有关系。

3. （父母）：你在学校辛苦了一天，回到家已经精疲力竭了。你一进家门，你妈妈就跟着进了你房间，并开始唠叨着要你收拾自己的房间。

目标：让妈妈给你自己一些空间。

4.（老师）：你去学校参加运动会，不巧途中自行车胎被扎破导致迟到。老师不问缘由，直接就批评你缺乏集体观念。

目标：向老师解释你迟到的原因并表达你此刻的感受。

5.（同伴）：你希望同班好友能帮助你复习英语，以渡过考试难关，而且在此之前他已经答应你了，但最后，好友违背了原先的承诺，去帮助其他同学了。

目标：向你的朋友解释你记得她之前已经作出了承诺，并且你真的需要她的帮助。

6.（父母）：你认识了一些很酷的朋友，他们告诉你周末有一个非常棒的聚会，并且邀请你参加。你回家把这件事情告诉妈妈，但是她不同意你去。

目标：向妈妈解释为什么你想参加他们的聚会，并且让她同意你去。

## SPST 编码说明书

社会问题解决技能任务的研究目标是，评估自伤青少年如何处理，在普通青少年的日常生活中常见的冲突情境。在这个任务中，被试将听到6段描述困难情境的材料。每段材料的基本结构如下：

（1）主试描述情境中涉及哪些假设的人，帮助被试将这个假设的角色与自己生活的某个人联系起来。

（2）描述情境。

（3）询问被试对方为何要这样做，并生成对该问题的答案。

对被试这个答案的归因进行编码（见下文）

（4）告知被试在30秒内想出尽可能多的解决问题的方法。

对每种解决问题方法的内容和预期结果进行编码（见下文）

（5）询问被试他/她最可能选择哪种解决方法。

对所选方法的内容和预期结果进行编码（见下文）

（6）主试向被试读出一种可能会产生积极结果的解决方法，让被试评估自己采取这种方法解决问题的能力（0—4级评分）。

自我效能感的编码（见下文）

你将成为三位盲评者之一。我们会给你一系列的录音来编码，然后你的编码将会与其他盲评者的编码进行比较。下文是关于每一个类别的详细解释。除了这个小册子之外，将会给你一份单页的"快速参考卡"，上面有编码的概要，以及一包在听录音时记录编码的空白编码卡。在本文件最后有一份你将要用到的需要填充信息的编码者表格。

归因

为什么我们对这个感兴趣：

归因理论这个领域试图解释人们对他人的行为是怎样作出解释的，他们怎样将一些事件归因于某些缘由，以及他们的判断以何种方式影响他们行为的动机。有可能与对照组相比，自伤者有更多的自我批评和敌对的归因。我们将在以下的几个水平上作出区分：

a. 自己，他人，或者环境：在我们看来，"自己"是指被试，"他人"是指情境中提到的对方，"环境"其他每件事（天气、周围的情境、第一个情境中被关注的那个人）。

b. 批判性或非批判性的：这是被试作出的判断。

c. 敌意性：这是被试对对方行为的一个判断。

对类别进行编码的规则：

1：敌意的归因：例如："他想伤害我，使我心烦"：当被试认为情境中涉及的其他人的行为是为了给他带来消极的结果时使用该归因方式。

2：批评的归因：例如："他认为我很笨"：这类归因与上一类很相似，区别在于，是否事先就有意图带来伤害性/消极的结果，或仅仅是一种对方对被试的批判。

3：自我—批评的归因：例如："因为我是一个坏人"：这类归因适用于，当被试对自己的天性、人格，或者特征作出批评性的陈述。这可能通常是一个普通的陈述，但也可能非常具体（比如："当提到写个人评述时，我无能为力。"）。

4：他人—批评的归因：例如："因为他是个混蛋"：这类归因适用于当被试对对方的天性、人格或者特征作出批评性的描述。

5：拒绝的归因：例如："为了摆脱我"：这类归因通常和"敌意的归因"类似，并且有时就是敌意性意图的特殊表现。但是，它有时也有其他的陈述方式，例如"他们不再喜欢我，"或者"我妈妈不喜欢我。"尽管拒绝的声明在归因中是非常清晰的，但是有些陈述可能还是难以辨别，例如"当我不在的时候，他们会更开心。"

6：不确定：例如："我不知道"：这类通常出现在被试不能想出解决办法的情况下。这实际上不算是一个归因类别（这是因为你必须对每个被试的每种归因都进行编码）。

7：他人—非批评的归因：例如："他可能今天心情不好"：这类归因是个体不把一件事情归因于对手的敌意时，最常用的策略。通常被试会推测他们在笑自己做的某件事情是"愚蠢的"或者"有趣的"，这很难说清他们是善意还是恶意，通常的规则是"有趣"是个积极词汇而"愚蠢"是个消极词汇，除非被试作出特别说明。

8：情境中立：例如：既不归因于自己也不归因于他人：这个可能使用得不多。它通常会使用在情境4中（妈妈唠叨我们去打扫屋子），被试通常会回答"我的屋子很乱。"如果被试说，"我总是让我的房间一团糟"，这就既可能是自我批评性归因也可能是自我非批评性归因，要视被试的语气而定。

9：自我—非批评归因：例如："我讲了一个有趣的笑话"：这类适用于当被试归因于自己，但是态度是中立的或者有点积极的。

举例

来自于情境1：

★ "她想让我留级。"（1：敌意的归因）

★ "她想让我更努力。"（7：他人—非批评的归因）

★ "她认为我说得不够具体。"（7：他人—非批评的归因）

来自于情境2：

★ "他们有些事，所以不方便邀请我参加。"（7：他人—非批评的归因）

★ "他们不希望我参加。"（5：拒绝的归因）

★ "他们单独相处时间很少，想要与彼此多待一会。"（7：他人—非批评的归因）

来自于情境3：

★ "她总是唠叨。"（4：他人—批评的归因）

★ "她今天心情不好。"（7：他人—非批评的归因）

★ "我的房间太乱了。"（8：情境中立）

来自于情境4：

★ "她不喜欢我。"（5：拒绝的归因）

★ "她今天心情不好。"（7：他人—非批评的归因）

★ "我是一个坏孩子。"（3：自我—批评的归因）

来自于情境5：

★ "她不想跟我玩了。"（5：拒绝的归因）

★ "她不记得了。"（7：他人—非批评的归因）

★ "她生我的气了，想让我考不好。"（1：敌意的归因）

来自于情境6：

★ "我有一些其他必须要做的事情。"（8：情境中立）

★ "她很着急。"（7：他人—非批评的归因）

★ "她希望我心烦、不快乐。"（1：敌意的归因）

**共同的问题：**

1. 通常，被试可能给出不止一个答案。这是因为，他们在听到指导语告诉他们在开始之后，就尽可能多的想出应对的方法。而我们的标准答案通常是选用被试第一个答案，除非他们特别强调他们想使用后面某个的答案。

2. 我们要注意将对方的语调纳入考虑的范畴，特别注意挖苦讽刺要记录下来。

**解决办法的生成**

我们为什么对此感兴趣：

我们想知道自伤组是否能想出和对照组一样多的解决问题的方法，这些方法是否更好或者更差（导致更多积极或者消极的结果），并且是否挫折的引入带来了解决方法数量和效果的改变。

对类别进行编码的规则：

你需要对每个解决方法的内容和可能的结果进行编码。通常这两者的编码是有高相关的。偶尔，很明显的积极或消极的内容也可能被编码为中立的。当你在对每一个反应的内容进行编码的时候，你也在作出被试在该情境刺激下会作出什么反应的判断。对编码者来说，幸运的是被试给出的反应并没有太多的变化。此外，被试往往会有一致性，对每种情境会给出相似的回答。

每个反应的内容进行编码

1：攻击性的/敌意的。例如，"对他大吼大叫"。

2：自我贬低/惩罚。例如，"让自己挨饿"或者"回家独自哭泣"。

3：回避。例如，"随它去"和"不管它"。

4：中立的。

5：迁就的/顺应的。例如，"马上去清理我的房间"。

6：自信的，指向对方。例如，"跟她谈谈这件事"：过分自信可以被解释为在不违背他人利益的条件下表达自己的愿望或权利。我们中的大多数人都对哪种行为是过于自信的有了解——当其他人开始寻求折中的解决方案时，一个人依然坚持自己的意见。这种类别适用于当被试指出他要直接与对方进行交涉时。

7：自信的，非指向对方。例如，"找我父母帮忙"：当被试想要采取一种果断的行为，但是需要借助第三方（如父母，老板或朋友）的帮助时，可以归入这一类。

每种反应可能的结果/效果的编码

1：消极的：通常包括的类别如下：

        1. 攻击性的/敌意的

        2. 自我贬低

        3. 回避的

        5. 顺应的

2：中立的：包括任何类别，但最常见的如下：

        3. 回避的

        4. 中立的

        5. 顺应的

3：积极的：通常包括的类别如下：

        6. 自信的，指向对方

        7. 自信的，非指向对方

共同的问题：

1. 要区分被试所说的是一个还是两个解决办法通常很困难。主试可以要求被试在说出解决方法的时候数出个数并给它们命名，但是有时被试并不这么做。如果不确定的，可以给被试疑惑的权利并且记为两种方法。

2. 如果你不能听见或听懂被试在说些什么，可以使用访谈者记录表来帮助你。但是不要害怕纠正主试的错误——他们在时间的压力下，可能有时对解决办法计算错误。

# 索　引